富士山はいつ噴火するのか?

火山のしくみとその不思議

萬年一剛 Mannen Kazutaka

★——ちくまプリマー新書

406

目次＊Contents

イラスト　たむらかずみ

はじめに——日本の象徴、富士山

日本は面積の75%を山地が占める、みたいなことを教科書で読んだことがあるかもしれない。日本にはたくさんの山があるのだ。しかし、無数にある山の中でも、富士山は日本を代表する山と言って間違いないだろう。まず、日本で一番高い山である。一番というのは何でもすごいことだ。しかも、富士山の裾野は駿河《するが》湾にまで延びているように見える。海岸から山頂まで美しいスロープを描く山はそうない。普通、高い山というのは大きな山脈をなすことが多いから、富士山のような単独の山で、最高峰というのは特別なことのように感じる。

また、日本の首都である東京に近い。東京やその周辺には3000万人以上の人が住んでいるが、この多くが天気さえ良ければ富士山を見ている。そして、富士山は日本に111ある活火山のひとつである。活火山は数え方にもよるが、世界中で1500くらいあると言われている。日本は世界の陸地面積のたった0・3%しかないが、活火山の

7%が集中する火山国である。最高峰が活火山で、しかも首都から天気が良ければ毎日見えるなんて、さすが火山国日本だ。こう考えてみると、富士山は、確かに日本を象徴する存在と言って差し支えない。

私の業界、すなわち地球科学研究の世界では、国際的な学会や研究集会が催されると、開催国の研究者がその国の地質や地形の解説をするのを、国外の参加者が聞きながら見て回る、エクスカーションという行事がもれなくついてくる。エクスカーションは、英和辞書で引くと遠足だが、ようするに学者の遠足である。遠足と同様に学習的な要素がある旅行と言えるかもしれない（夜はきまって大宴会になる点は、子供の遠足と異なる）。開催地が日本だと、富士山のエクスカーションはほぼ外せない、鉄板デスティネーションである。私は必ずしも富士山の専門家とはいえないが、富士山の近くで研究しているため、しばしば案内を頼まれる。エクスカーション＝遠足とは言え、はるばる日本まで来たわけだから、学校遠足みたいに日帰りでおしまいではない。大体、何日かかけて伊豆・箱根・富士を回ることが多いが、参加者の頭の中のメインディッシュはやっぱり富士山である。箱根の案内をしているときでも解説をしている私に尻を向けて富士山の写

図1　富士山　iStock.com／martinhosmart

真をバチバチ撮影している参加者は多い。箱根の研究をしている私としてはちょっとさみしい気もするが、富士山の人気ぶりには誇らしい気もする。そして富士山にいるとき、彼らの盛り上がりや説明への食いつきが伊豆や箱根とは全然違う。やはり、外国人から見ても富士山は日本の象徴、特別な山だと感じられるのだろう。

古来、富士山は何となくおめでたいイメージ一色のキャラだったが、最近は噴火したらどうなるか、とか、今後数十年以内に本州の西側半分と四国・九州を襲うことが確実視されている南海トラフの地震と一緒に、噴火するのではないかというような、物騒な文脈で語られることも多くなった。日本の象徴である富士山の噴火はいつ起きて、どんなふうになるのだろうか。そして、どんな被害があって、日本はどうなってしまうのだろうか。これはたしかに心配なことと言える。

実際、富士山の存在は日本人を魅了するだけでなく、さまざまな問いかけをしているように思う。みんな富士山を知っているが、富士山はなぜそこにあるのか、これまでどのような活動をしてきたのか、噴火にどう備えたら良いのか、という問いに、改めて聞かれてスラスラ答えられる人はそうはいないだろう。私だって完全には答えられない。しかし、すこしでも答えられるようになれば、私たちはちょっとだけ、この国に生きる人間として進歩したことになるように思う。そうすれば、外国の人を案内するときだけでなく、災害の多い日本に住む人間としてすこしは自信が持てるというものだ。そこでこの本では、火山学者が富士山をどう考えているのか、そして富士山についてどの程度までのことがわかっていて、何が問題となっているのかを紹介していこうと思う。

第一章　富士山は特別な火山なのか？

活火山と百名山

日本には111の活火山がある、とは先に述べた。日本において、活火山とは、最近1万年以内に噴火した火山、または活発な噴気活動が認められる火山のことをいう。この定義を決めるにあたって深遠な科学的理論に基づく難解な検討があったわけではない。理想的には将来噴火する火山を活火山というべきだが、実のところ将来噴火するかどうかなんか誰にも分からない。将来が確実に見通せるほど火山学は進歩していないのだ。だから、「最近1万年以内に噴火した火山、または活発な噴気活動が認められる火山」という定義をクリアしたら、活火山ということにしましょうということで、2003年に火山学者の代表者たちと気象庁が合意したに過ぎない。そんなことでいいのかという気もするが、本質的によくわかっていない、あるいはわかりようがない自然の事象に対して、どのように社会的に対応するかという難題に直面する大人の世界にはよくあることだ。

富士山はこれからたびたび触れるように江戸時代の1707年に大噴火を起こしている。最近1万年以内だから余裕で活火山の定義をクリアしている。従って、富士山は活火山だ。ちょっと歳を取った人は、富士山は休火山、という人がいるが、これは古い教育を受けていせいだ。休火山というのは噴火をしばらくお休みしている火山という意味だ。しかし、しょっちゅう噴火している桜島のような火山でも、ならしてみるとお休みしている時間の方が、噴火している時間よりはるかに長い。お休みの期間が何年以上になったら休火山と呼びましょう、というような取り決めをするのはほとんど意味が無いので、現在は休火山というカテゴリーはないことになっている。

さて、111の活火山のうち32が日本百名山として名前が挙がっている。日本百名山とは深田《ふかだ》久弥《きゅうや》（1903―71）という山を愛した随筆家が、自らの主観で選んだもので、たとえばユネスコとか日本政府が関与したような公的な認定ではない。だが、たしかに登ったり眺めたりしていい山だ、との支持を集め、今では主として中高年登山者のなかから、若者がポケモンカードを集めるかのように百名山登山に励む人たちが多数現れている。百名山はそこそこ名の通った、メジャーな山と言えるだろう。ちなみに、富士山も百名山のひとつとして選ばれている。最初に富士山が日本の象徴的な地位を占める火山であることを書いたが、他の火山と比べて何が違うのだろうか。誰も知らないような火山と富士山を比較しても不公平な気がする。そこで、百名山の活火山からひとつ選んで、富士山と比べてみることにしたい。

日本の火山のスタンダード？　蔵王山

富士山と対比する対象として、百名山かつ活火山を選ぶことにしたが、ここでは蔵王《ざおう》山《ざん》を選んでみた。ちょっと話が長くなるが、その理由を述べさせて欲しい。

火山というのは地下にあるドロドロに融けた岩石であるマグマが噴出してできる。日本列島は沈み込み帯と言って、近くで海のプレートが日本列島の下に沈み込んでいる。沈み込み帯では地殻の下にあるマントルという部分でマグマができる。詳しくは第二章で解説するが、沈み込み帯はどういう構造をしているのか、なぜ沈み込みで火山が形成されるか、沈み込み帯のマントルは普通のマントルと何がどう違うのかなど、沈み込み帯や火山の基本的な問題について、さまざまな方面からもっとも詳しく研究されているのは日本の場合、東北地方なのである。というわけで、東北地方の火山は日本のスタンダードともいうべき地位を占めている。スタンダードとは要するに、東北地方の火山と比べて、九州の火山は○○が違うが、それは××のせいだ、みたいに、いつも東北地方の火山と比べてしまう思考パターンが日本の火山学者の頭の中にできあがっているわけだ。

このようなわけなので、東北地方の火山ならどこでもよいのだが、蔵王山にしたのは私が何度か訪れて、地元の大学の先生に案内してもらったことがあるからだ。火山学者と言っても日本中のあらゆる火山を知っているというわけではない。特に私は知らない方だ。世の中にはアマチュアの火山マニアがいて、そんな人の方が私よりはるかに詳しいことがある。そんな中で私のようなものは、少ない持ち駒の中から、多少知っている山を選ばざるを得ない。

蔵王山を簡単に紹介しよう（図2、3）。蔵王山には蔵王岳とか、蔵王峰とかいうピークはない。宮城・山形県境に拡がる連峰の総称で、最高峰はおいしいフルーツで有名

図2　蔵王連峰　iStock.com ／ kororokerokero

図3　蔵王の火山湖「御釜」 iStock.com ／ kororokerokero

な山形県側にある１８４１ｍの熊野岳《くまのだけ》だ。また、屛風岳《びょうぶだけ》というピークは１８２５ｍで牛タンや牡蠣《かき》がおいしい宮城県の最高峰だ。五色岳《ごしきだけ》という山の山頂近くには有名な「御《お》釜《かま》」という火口湖があり、観光地になっている。ちなみに、山頂付近で見られる岩石は多くが安山岩という本州はもちろん、北海道や九州でも全然珍しくない灰色をした火山岩である。

蔵王山はどこまでが火山か？

蔵王山の山頂付近は１８９５年の噴火で飛び散った岩塊が散在していて、噴火のあとが生々しい。それに火口湖があったりして、どうみても火山である。火山学者のひとりとしては気分がアゲアゲになる。しかし冷静に考えてみて、蔵王山のどこからどこまでが火山なのだろうか？　巨大な包丁で蔵王山をすっぱり切って中身を見たらどうなるだろうか。蔵王山は火山だから、と、気が利いた人が描く絵は図４ａのような感じだろうか。いくつもピークがあるから図４ｂの感じかもしれない。しかし、じつは結構情けない図４ｃのような感じなのだ。

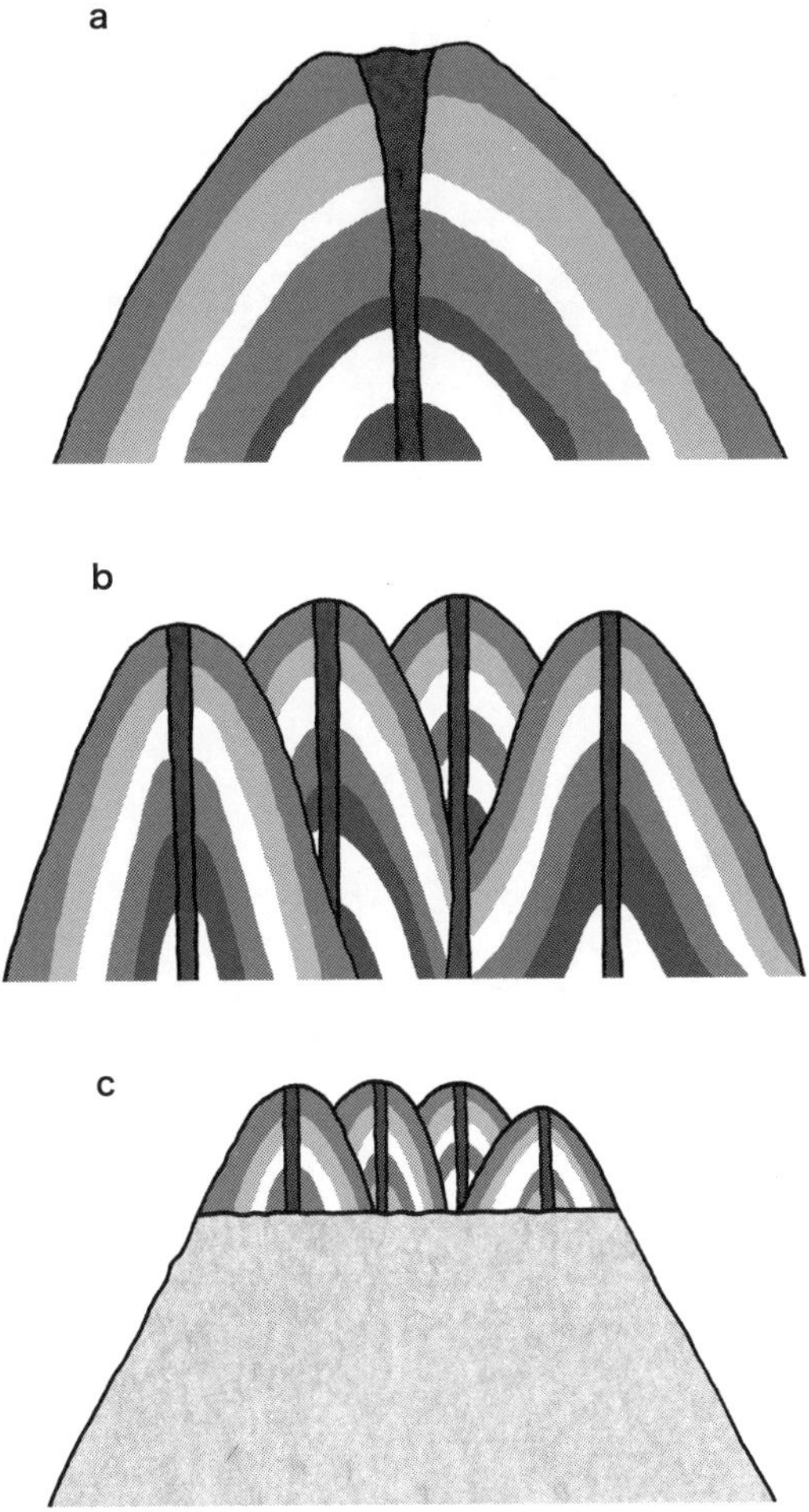

図4　蔵王山を巨大な包丁で切ったときの断面想像図

蔵王山は最高地点が1841mあるが、全部噴出物の積み重ねでできているわけではない。なんと、標高1500mくらいまでは花崗岩《かこうがん》という蔵王山の噴出物ではない岩石でできた山なのだ。蔵王山は標高1500mくらいの、もともとあった火山と関係無い山に、火山の噴出物を300メートルくらい足して現在の高さになった。たしかに山頂付近は火山噴出物で覆われているが、山全体を火山と言い切るには抵抗がある。ちなみに、花崗岩もマグマが固まってできた岩石だ。しかし、蔵王山をつくる花崗岩は白亜紀にマグマだったもので、蔵王山で噴出したマグマとは関係無い。白亜紀というのは1億年くらい前で、恐竜がいた時代だから、蔵王山で噴出した一番古いマグマ（100万年くらい前、その時生きていた動物は今とあまり変わらない）より断然古い。

ここで豆知識だが、我々火山業界では、蔵王山における花崗岩のように、その火山の活動前からその地に存在していた地層のことを基盤という。火山は詳しくみると、マグマからもたらされた噴出物と、それをのっける基盤でできている。だから、基盤の高さを知らずに標高だけで火山を語っていると、素人ならともかく、プロとしては恥ずかしい結果になるので注意が必要だ。

私は子供の時分から生意気で、中高生の時には「自分ひとりで大きくなったような顔をしていたら大勘違いだ」とよく母親に叱られたが、蔵王山のマグマが、蔵王山が高く大きくなったのはオレ様のおかげだ、と思っていたとしたら大勘違いである。マグマの努力だけで1841mの高さに大きくなったわけではないのである。たまたま蔵王山をディスってしまうような格好になったが、東北地方の火山は程度の差はあれ、どれも似たようなものだ。東北地方の火山の多くが、火山活動は関係無い、地殻変動でできた奥《おう》羽《う》山脈の一番高いところを狙ったかのよう噴出しているのだ。専門家は基盤が高いことをさして、さすがに「大勘違い火山」とは呼ばないが、「上げ底になっている」というディスりにちかい言葉を東北日本の火山に投げつけることはある。

ちなみに、蔵王山の噴出物の体積は54㎦[1]と推定されている。この値は、東北地方の活火山では普通だ。東北地方でも大きい火山はそれなりに大きいのではないか、という声が聞こえそうなので、念のためそうした活火山を紹介しておくと、十和田《とわだ》、八甲田山《はっこうださん》、鳥海山《ちょうかいさん》は規模が大きく、100㎦をこえる。しかし、大きいと言っても蔵王山の体積の2倍から3倍程度なので、確かに桁が違うが、「桁違いの大きさ」と胸を張って言えるかというと、微妙なところだ。東北地方の火山は、大きかろうと小さかろうと、百名山であろうとなかろうと、マグマの努力だけで現在の高さになったわけではない、というところは一致している。山にはそれぞれ味わいがあるが、地域の火山を大きく括《くく》ると興味深い共通点が抽出できるのだ。

富士山は特別に大きい火山か？

一方、富士山は蔵王山に比べると全然違う偉さがある。富士山は標高３７７６ｍだということはご存じだと思うが、これまでの研究の結果、標高のかなりの部分をマグマの努力だけで積み上げてきたということが知られている[2]。また、山を作っている噴出物の体積は蔵王山の10倍近い５４８km^3と推定されている。これだけ大きければ、富士山は蔵王山に比べて、桁違いに大きいと言って良いだろう。ほぼ「自分ひとりで大きくなったような顔をしていて勘違いでない」火山と言っても良い。そういうわけで、富士山は東北地方の火山に比べて偉い。マグマの努力だけであの高さに成長した。そうか、それが富士山の特別なところだ。いやー、やっぱり富士山はすごいな、と考えた人はおめでたい人である。というのも、富士山の近くの火山は、実は富士山と同様、みんな偉い火山なのだ（注：ほとんどマグマの努力だけで今の大きさに成長した火山を、本書では「偉い火山」と呼ぶ）。

富士山に登って、南を見ると伊豆大島《いずおおしま》という火山島が見える。伊豆大島の最高峰は標高758mの三原新山《みはらしんざん》という山である。念のため言っておくと標高とは海面から上の高さのことだ。三原新山の標高は蔵王山の半分にも満たないが、海面から上のほぼ全部が、ここ数万年の火山活動で営々と築き上げられたと考えられている。これだけで火山としての厚さが300mくらいしかない蔵王山とは比較にならない偉さが伊豆大島にはあることがわかる。さらに海面の下の地形を見ると、水深300mくらいで平坦《へいたん》になるように見える。したがって、この深さから伊豆大島の火山が始まっているとすると高さは少なくとも1000mを超える、ということになる。実際、伊豆大島の体積は415㎦と見積もられている。富士山よりちょっと小さいかな、というくらいで、堂々の偉い火山と言えよう。

富士山のすぐ隣には、いつも富士山の陰に隠れて、温泉地としての記憶しか残らない、かわいそうな我が箱根山がある。箱根山は富士山より数段古い火山なので浸食や大規模噴火によって山が壊されたり、陥没したりした。このため、富士山に比べるとそもそも火山にすら見えないような変わり果てた姿になった火山だ。標高は蔵王山よりも低い1438mで、百名山にもノミネートされていない。なんとなく蔵王山より格下の火山に見えるかもしれない。ところが、火山としての体積は457㎦となかなかのものである。実は富士山から南の火山はこのくらい大きいのが普通で、数百立方キロメートルのものが目白押しなのである。例えば、アカコッコで有名な三宅島《みやけじま》は519㎦、アホウドリで有名な鳥島《とりしま》は466㎦、だいぶ南だが、絶海の孤島にもかかわらず活発な噴火活動でテレビにでまくっている西之島《にしのしま》に至ってはなんと1600㎦もあるとされているのだ。これらはどれも、大きいとか高いとか言えない島々だが、それは海面の下のことが意識に上らないだけで、海底地形まで考慮に入れると恐るべき巨漢揃《ぞろ》いなのである。ちなみに、少しだけ覚えておいて欲しいのだが、富士山、伊豆大島、三宅島のほとんど、それに箱根山の一部はいずれも、びっくりするくらい黒い火山岩でできている。これは玄武岩という岩石で、安山岩よりも鉄やマグネシウムなど、岩石を黒くする元素が多く含まれている。一方、蔵王山をはじめとする東北の火山は灰色の安山岩が多いが、岩石もかなり雰囲気が異なるのだ。

このように考えてみると、どうも同じ日本列島と言っても、場所によって火山に違いがあるというシナリオが描けるような気がする。そうなると、富士山がどういう場所にあるのかというのが重要になる。というわけで、もうすこし日本列島全体に視野を広げて富士山の位置づけを考えてみよう。

日本列島の分類

日本列島は北海道、本州、四国、九州という4つの大きな島と琉球《りゅうきゅう》列島、伊豆諸島、小笠原《おがさわら》諸島などを構成する島々、その他これらの島々の近くにある島々（例えば佐渡島《さどがしま》とか、淡路島《あわじしま》とか、横須賀《よこすか》沖の猿島《さるしま》など）からなる。しかし、これは海面から上の部分についてだけの、いわば見た目による分類である。地質学的な目で見ると別の分類が可能である。分類法にはさまざまあるが、ここでは、弧《こ》という単位での分類を紹介しよう。

これによると日本列島は5つの弧に分類することができる。弧とはおいおい説明するが、ざっくり言ってその名の通り弧の形をした地形的な高まりのことをいう。

以下の説明は実際に地図を見ながら読んだ方が良いかもしれない。おすすめはGoogle関連のサービスだ。もし可能であれば、スマホあるいはPCにGoogle Earthをダウンロードするか、Googleで適当な地名を検索したのち「地図」を選んで、「航空写真」表示を選んで地形を見て欲しい。これで、海の地形まで分かる（海の地形は当然「航空写真」ではなくこれまでに収集された地形データからコンピュータが描いたものである）。また、「地理院地図」という、日本の国土地理院が提供しているサービスもおすすめだ。こちらは標高や地名の表示が優れている。「地図の種類」で「色別標高図」を選ぶと、陸域も海域も地形がよくわかる。

さて、5つの弧とは以下の通りである（図5）。一番北の千島弧は現在ロシア領となっている千島列島から北海道に続く。その次の東北日本弧は北海道の一部と北関東以北の本州からなる。本州の西半分は西南日本弧という。四国と九州の一部は本州と別の島と見られがちだが本州の西半分と同じく西南日本弧に含まれる。九州から琉球諸島に続く島々は琉球弧と呼ばれる。そして、おもに伊豆諸島、小笠原諸島からなる伊豆—小笠

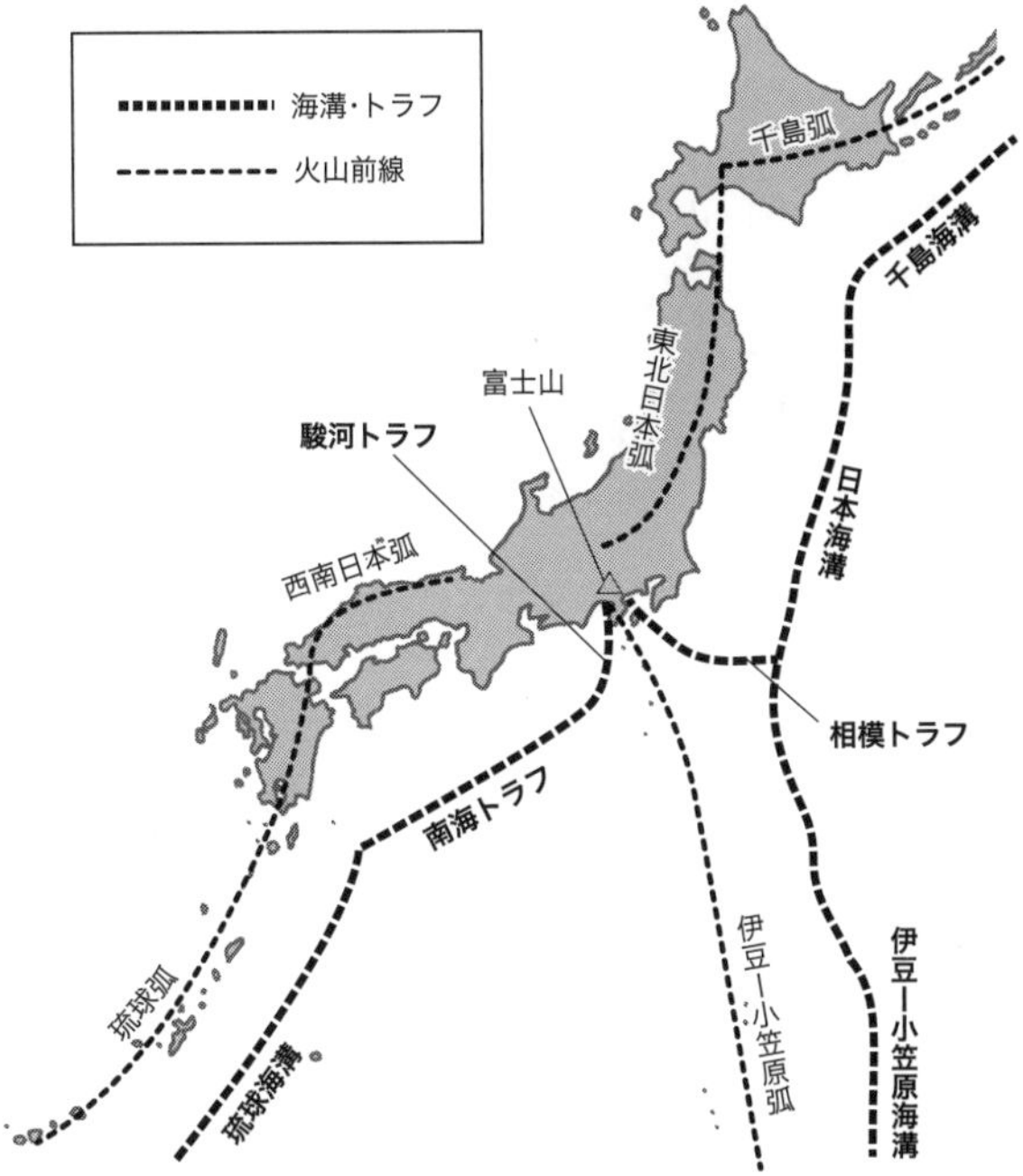

図5　日本列島と弧　トラフとは細長い海底の盆地をさすが、ここでは海溝とほぼ同じだけど、海溝ほど深くないくらいの感じで理解してもらってOKだ。また、火山前線とは火山のうちもっとも前弧側にあるものを結んでできる線のことをいう。前弧の説明は30ページ。

原弧である。

さて、問題の富士山である。富士山は地形的に見て本州にあるのは誰でも知っていると思う。ところが、本州の他の部分とは違っていて、実は東北日本弧にも西南日本弧にも属さない。伊豆―小笠原弧に属しているのだ。

弧とは何か?

さて、弧とは何かを詳しく述べずに来てしまったので、ちょっと混乱してしまったかもしれない。そこで、弧とは何かを説明しよう。弧とは、前述の通り地形的な高まりが弧の形で連なっていることからついた名前だ。弧全体が大きな島からできている場合、島そのものが弧状をしている。東北日本弧、つまり北海道の渡島《おしま》半島付近から東北地方、そして北関東にのびる部分も、何となく太平洋に向かって弧を描いているように見えないだろうか。そして、その島を貫くように弧状に山脈が走っている。東北日本弧の場合は奥羽山脈がそれだ。弧が小さい島々から出来ている場合は弧状にのびる島々のほか、海底地形の高まりとして認識ができる。琉球弧や千島弧はいかにも弧を描いているのですぐに納得できるように思う。伊豆―小笠原弧は弧というより直線に見えるかもしれないが、これも直径がものすごく大きい円の一部と考えることにして、弧と呼ばれている。弧にはもうひとつ特徴がある。それは地形的な高まりと並行して、深い海が隣接していることだ。この弧状の深い海のことを海溝と呼ぶ。東北日本弧にはその名も日本海溝という海溝が、伊豆―小笠原弧には伊豆―小笠原海溝という海溝が並行して走っている。弧は、このように弧状の地形的高まりと、低まりがセットになっている。このためこれらをまとめて弧・海溝系と呼ぶこともある。

加えて弧には、地形的高まりに火山が発達することが多いという重要な特徴がある。特に火山が発達した弧のことを、火山弧と呼ぶこともある。地球上のすべての火山が噴出するマグマは年間平均4㎦とされているが、その15％にあたる0・6㎦が世界中の弧で1年間に噴出している。

日本にいると弧は島でできるように考えがちだ。しかし、大陸にできる場合もあり、南米のアンデス山脈はその例だ。そのような弧は大陸弧とか陸弧と呼ぶ。一方、日本列島のように弧が島で出来ている場合は、島弧とよぶ。ちなみに、弧は海溝側が前で、弧の海溝側のことを前弧《ぜんこ》と呼ぶ。また、海溝と反対側は背弧《はいこ》と呼ぶ。なんで後弧じゃないのか私も詳しいことは分からないが、弧を貫く山脈を脊梁《せきりょう》という。脊梁とは背筋のことだが、要するに弧を人体に例えているのだろう。

最後にひとつだけ。島弧の場合、背弧に海がある。東北日本弧と西南日本弧の場合、日本海がそれだ。背弧側の海のことを、縁海《えんかい》という。フチの海だが（ミドリと見えた人はそそっかしいか、老眼の疑いがある）何のフチかというと大陸のフチである。

プレートテクトニクスと弧

弧はどういう所にできるのだろうか。それにはプレートテクトニクスという、地球の表面現象を考える上で最も重要な理論の復習をしなくてはいけない。とはいえ、日本に住んでいると、プレートテクトニクスは地震に関連した報道で必ず出てくる。だから、ほとんどの人が何となく知っていると思う。ここでは、何となく知っている話をクリアに整理するだけなので、難しい話は出てこない。

地球の表面がいくつかのプレートで覆われている、ということは何度も聞いている人が多いと思う。プレートとは岩板ともいわれ、地球というたまごを覆う殻のようなものだ。プレートには2種類ある。大陸地殻が乗っかっている大陸プレートと、そうでない海洋プレートだ（図6）。大陸地殻は深さ10〜15㎞より浅いところの多くが花崗岩という岩石で出来ていることがよくわかっている。そして花崗岩など大陸地殻を構成する岩石は、プレートの下にあるマントルよりも比重が小さい。このため、現在の標準的な考え方では、大陸プレートは沈まないことになっている。

一方、海洋プレートは今日《こんにち》ただいまの瞬間も、中央海嶺《かいれい》と呼ばれるところで次々と生産されている。中央海嶺というのは長く延びた火山で、ここから噴出する溶岩が海底となっているのだ。噴出すると同時に、中央海嶺を軸に海底は左右に移動をしていく。ちなみに、地球で噴出するマグマは年間平均4㎦とされているが、中央海嶺で噴出するマグマは全体の約75%、年間3㎦もある。弧の火山は陸上火山が多いので、人の生活に影響があるため、噴火するとニュースになる。一方、中央海嶺は深い海の底にあるので、活動を目にすることはほとんどなく、従ってニュースになることもない。しかし、地球で最も重要で大規模な火山活動が四六時中起きているところなのだ。

さて、中央海嶺でできた海洋プレートは年間数センチという速さで移動をして、最終的には海溝でマントルへと沈み込んでいる。沈み込めるのは海洋プレートの比重がマントルのそれより大きいためである。ようやく海溝がでてきた。つまり、弧は海洋プレートが沈み込む場所である海溝とセットになって、沈み込まれる側のプレートの上でできる地形なのだ。海洋プレートが沈み込む地域のことを「沈み込み帯」といい、「沈み込み帯では地震や火山活動が活発である」というような記述を教科書で見たり、ニュース解説で見聞きすることがあると思うが、弧とはすなわち沈み込み帯に発達する地形のことなのだ。沈み込み帯は、「プレートが沈み込んでいる場所」ということしか意味していない。だから太平洋プレートが沈み込んでいるという意味で、伊豆―小笠原弧も、東北日本弧も、千島弧も一連の沈み込み帯といえる。しかし、弧という地形的な特徴で見ると、沈み込み帯が区分され、その区分ごとにさまざまな様相が全く異なることが見えてくる、というわけなのだ。

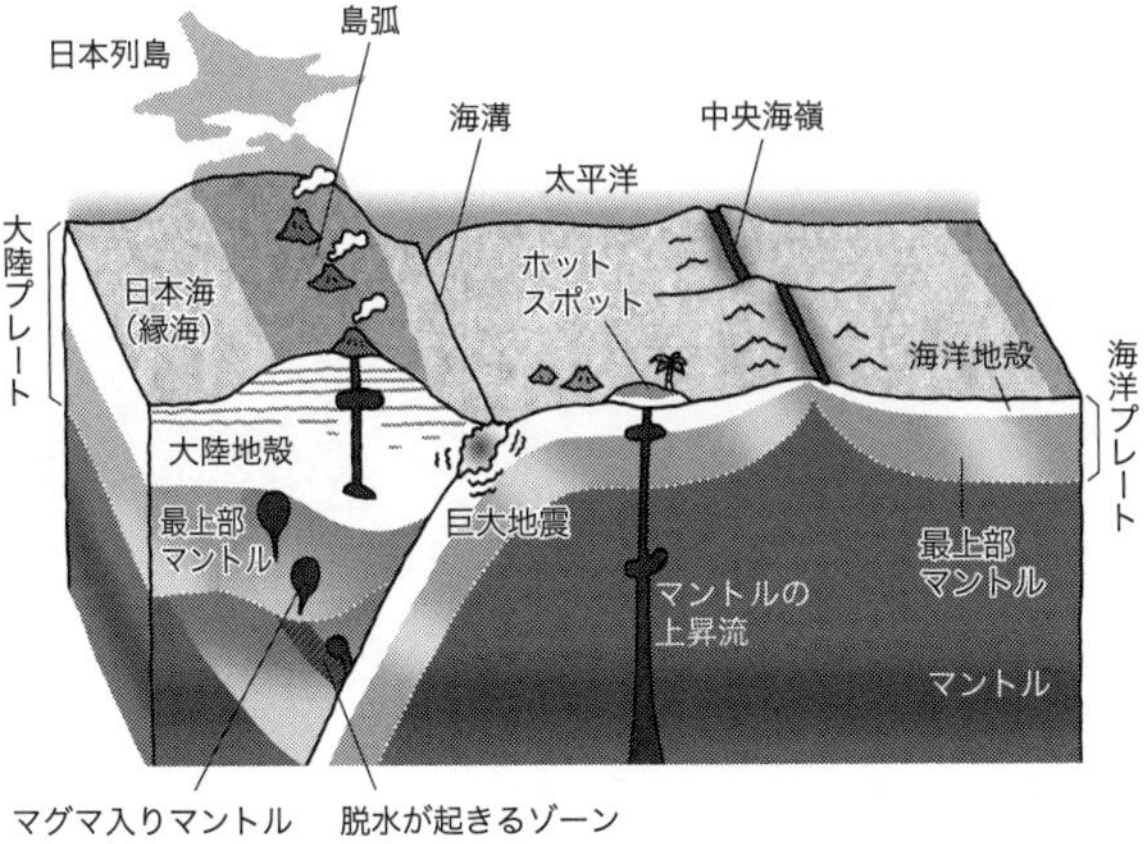

図6　プレートテクトニクスのおさらい　海洋プレートは中央海嶺で生まれて、海溝で別のプレートの下に沈み込んで、マントルに戻っていく。プレートが沈み込んでいる場所を沈み込み帯という。沈み込み帯は海溝と弧からなる地形と、巨大地震や火山の活動が特徴となっている。

弧によって異なる火山活動

実際、ひとくちに弧と言っても、かなりの多様性がある。まず地形的に違う。東北日本弧や西南日本弧は大きな島でできているが、琉球弧や伊豆─小笠原弧は比較的小さい島々の連なりだ。これは一見して分かる大きな違いだ。また、火山活動の活発さも異なる。東北日本弧ではたくさんの火山が分布するが、西南日本弧では火山が少ない（活火山には島根県の三瓶《さんべ》山《さん》と山口県の阿武《あぶ》火山群しか指定されていない）。東京や仙台の近くの活火山はちょっと考えると名前が思い浮かぶが、京都や松山の近くに活火山があるなんて聞いたことがないだろうから、これは火山の分布を詳しく知らなくても、実感として納得ができる。

地震の起き方も異なる。たとえば千島弧や西南日本弧の沈み込み帯ではマグニチュード9クラスの超巨大地震がかつて発生したことが知られている。一方、琉球弧では超巨大地震の発生が知られていない。

日本において、沈み込み帯が、地震や火山とセットで教育がされていて、多くの人がそれなりに知っていることは良いことだ。しかしよく見ると、沈み込み帯だからどこも同じように超巨大地震が起きたり、もれなく火山がついてくるわけではない。弧によって地震や火山の活動具合にかなり違いがあることがわかる。このような違いがなぜ生じるのかは、よくわかっていない。とはいえ、一応どのようなことが考えられているのかを、見ていくことにしよう。

成り立ちが違う東北日本弧と伊豆―小笠原弧

東北日本弧と伊豆―小笠原弧は見た目が明らかに異なるが、その理由で一番大きいのは成り立ちが大きく異なるため、地殻も異なることにある。東北日本弧は西南日本弧と一緒に2000万年くらい前までユーラシア大陸の縁にあり、正真正銘、大陸の一部だった。島弧となったのは、縁海、つまり日本海が新しく作られたため太平洋側に押し出されたためである。こうした事情があるため、東北日本弧は基本的に大陸地殻でできていると言って良い。蔵王山の基盤が花崗岩だったことからもそれは納得できると思う。東北日本弧を作る地殻の厚さは35㎞前後あるとされる。

一方の伊豆―小笠原弧は、いまから5200万年前には今の琉球列島よりはるか南の赤道近くで、すでに島弧になっていたらしい。伊豆―小笠原弧はもともと、東北日本のようにどこかの大陸から押し出されてできた島弧ではなく、海洋プレートの下に海洋プレートが沈み込むことで生じる火山活動で成長をしてきたと考えられている。今の場所に来たのは縁海ができて東へ、東へと押し出されてきたためである。この間、伊豆―小笠原弧ではずっと太平洋プレートの沈み込みで火山ができつづけるとともに、噴火しなかったマグマの働きで地殻が作られた。この地殻は、花崗岩に似ているが、鉄やマグネシウムがやや多いために密度がやや大きい、閃緑岩《せんりょくがん》という岩石でできている。しかしこの地殻は、花崗岩の地殻ではないし、厚さも20km前後と薄いので、「未成熟な地殻」と専門家の間では言われている。年季が入って成熟した東北日本弧に比べれば、まだまだ成長中のひよっこだぜという意味だ。

ちなみに、伊豆―小笠原弧を押し出した縁海はフィリピン海、伊豆―小笠原弧とフィリピン海が乗っかっているプレートをフィリピン海プレートという。高知県の桂浜で「太平洋はまっこと、広いぜよ！」と絶叫する坂本龍馬のファンは多いと思うが、残念でした。地球科学的には、あなたの目の前にある海はフィリピン海と呼ぶのでした。

マグマだまりの深さが違うと火山活動も違う

火山の地下にはマグマだまりというものができる。私が学生のころ、マグマだまりはほとんど想像上の産物だったが、最近はおもに地震波を使った研究から、さまざまな火山でマグマだまりの存在が確認されつつある。マグマだまりは噴火に備えてマグマをためるために、火山が意図的に作っているわけではない。マグマは密度が軽いので地殻の中を上昇してくるが、地殻は浅いところほど密度が低くなるので、どこかの深さでマグマと地殻の密度が同じになる。そうするとマグマは上昇できなくなるのでその深さにたまりだす。それがマグマだまりだ。

マントルから上がってくるマグマはそのまま固まると玄武岩を作るので、玄武岩質マグマという。玄武岩質マグマが上昇してきたとしても、東北日本弧の地殻は分厚くて密度が低いので、マグマは深いところで上昇を止めてマグマだまりを作る。計算上、東北日本弧のマグマだまりは深さ10〜15km前後でできる。一方、伊豆―小笠原弧の地殻は密度が高いので、マグマだまりは計算上深さ5kmくらいでできるという[3]。

5kmなら走れるが、10kmは自信がない、という人は多いと思うが、マグマにとっても地表までの距離が5kmなのか10kmなのかというところは結構大きい。伊豆―小笠原弧では5kmしかないので、噴火しようと思ったとき噴火するのは比較的楽だ。だから玄武岩の噴火が多く、噴火が多いので火山も大きくなる。一方、東北日本弧では噴火をしようと気合を入れて上昇しはじめても途中で力尽きてしまうことも多い。だから噴火が少ない。すると地表の火山は大きいものにならない。加えて地下で噴火するのが面倒だといって長居していると周りの岩石を融かしたり、マグマから鉄やマグネシウムを多く含む鉱物が出て行ってしまうことで化学組成が変わってしまう。結果、ようやく地表に出てきたマグマは、玄武岩より鉄やマグネシウムに乏しい安山岩が多くなると言うわけである。

沈み込むプレートも弧の性質を決める

ここまで、弧の性質は、弧の成り立ちが決めているという話だったが、沈み込むプレートにも責任があるという考え方もある。マントルの中に沈み込んでしまったプレートのことをスラブという。

新しい言葉を出してしまって、本当に申し訳ない。スラブもプレートもモノは一緒だが、「沈み込んだプレート」というより「スラブ」のほうがいうのが楽なのだ。「ハマチの大きくなったの」とか、「竹千代の大人バージョン」というより、「ブリ」「家康」というのが楽だ。一生の中のステージに応じて名前を変えるのは仕方ないと思って、諦めて欲しい。

日本を代表する地球物理学者、上田誠也《せいや》先生はスラブの沈み込み角度が、弧に影響を与えると考えた(4)。スラブの沈み込み角度は世界中でバラバラである。たとえば、南米のチリでは沈み込むスラブの角度が30度くらいしか無いが、マリアナ諸島ではなんと90度と、ほとんど垂直に落下している(図7)。マリアナ諸島がどの辺か念のために言っておくと、観光地として知られるグアムとかサイパンはマリアナ諸島の一部で、伊豆―小笠原弧の南にある島弧である。

上田先生によれば、スラブの角度が浅いと沈み込む側のプレートと沈み込まれる側のプレートの接触面積が大きくなるので、沈み込まれる側から見ると沈み込むプレートにグイグイ押される形になる。つまり圧縮されるわけだが、そうなると沈み込まれる側のプレートには、高い山脈ができる。餅だってこんにゃくだって左右から押せば、中程の部分は厚みが増すだろう。これと同じことが起きるわけだ。スラブの沈み込み角度が小さいチリと言えばアンデス山地だが、アンデス山地は４０００ｍ～６０００ｍ級の山がわんさかある。

一方、スラブの角度が大きいと沈み込む側のプレートと沈み込まれる側のプレートの接触面積が小さくなる。それにマリアナ諸島のように垂直に垂れ下がったようになると、そもそも沈み込む側のプレートには沈み込まれる側を押す気なんかは全然無くて、一刻も早くマントルに潜っていきたいと考えているとしか思えない。こんな状態なので、押される側のプレートは押されているかどうかも定かではなく、従って立派な山脈はできない。実際、マリアナ諸島はあくまで島々の集合体で、大山脈があるわけではない。

上田先生は、弧の性質が基本的にスラブの沈み込み角度で決まると考え、その両極端、すなわちスラブの角度が小さいものと大きいものにそれぞれ、チリ型とマリアナ型という名前を与えた。そして、上田先生は、世界中の弧がチリ型、マリアナ型、それらの中

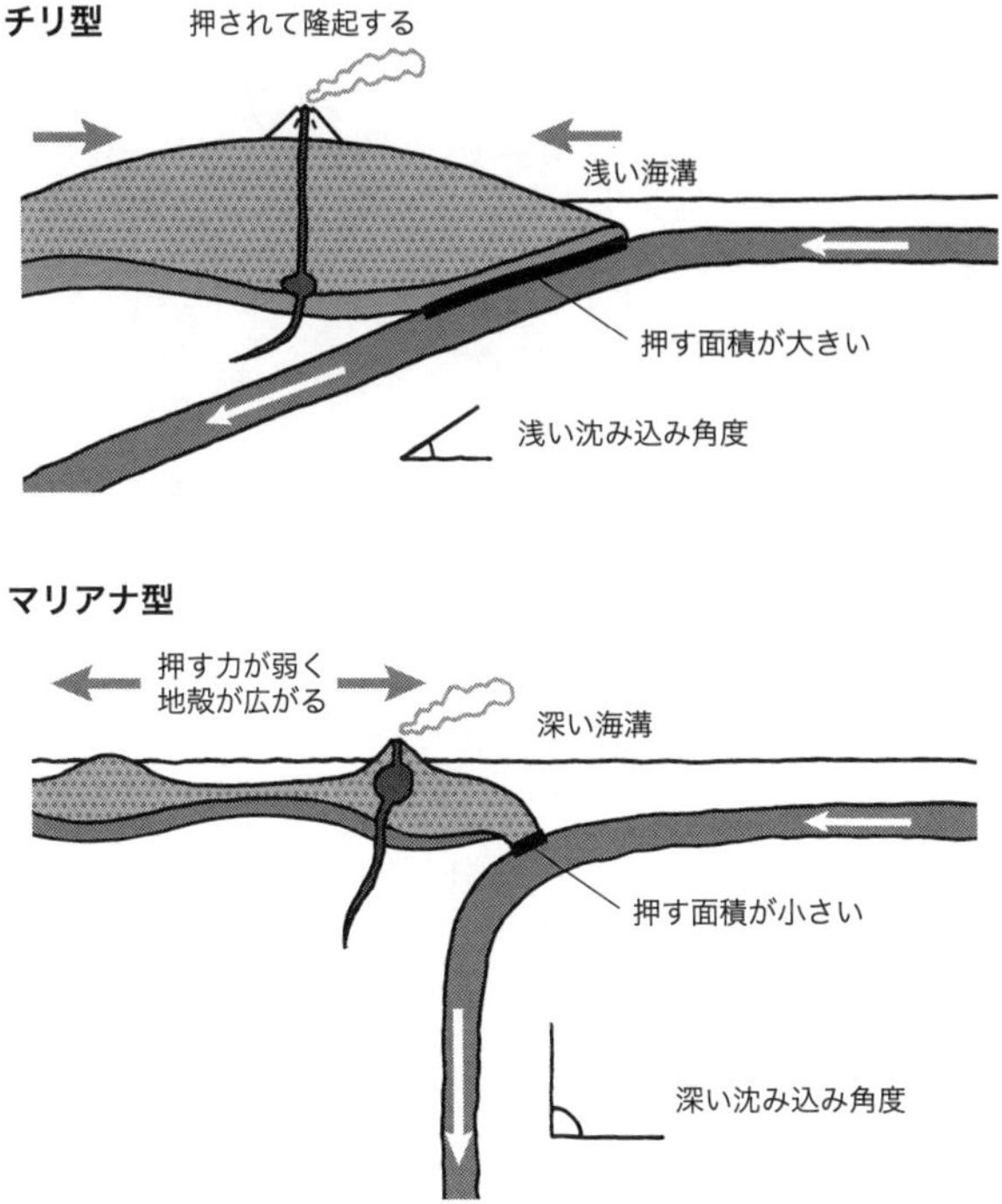

図7　2つの両極端な沈み込み帯〜チリ型とマリアナ型　沈み込むスラブの角度が浅いと沈み込まれる側のプレートは強い圧縮を受けて、地殻は厚く、標高は高く、火山活動は低調になる（チリ型）。一方、沈み込むスラブの角度が深いと沈み込まれるプレートには圧縮の力があまり働かず、地殻は薄く、標高は低く、火山活動は活発になるほか、背弧側で新しく海ができる場合もある（マリアナ型）。

間型に分けられると提案したのだ。

押される力で変わる火山

弧がものすごく押されている場合（＝チリ型）は、マグマが上がってこようと思っても、プレートにかかっている力を何とか押しのけて上がってこなくてはいけない。こうなると、マントルから上がってきた玄武岩質マグマは、地殻の下にいる時間が長くなり、安山岩質マグマへと変化する。ゆえに、火山を作るマグマも安山岩が多くなる。また、地殻にかかる力がマグマの上昇を阻むので、火山活動はどちらかというと不活発になる。これがチリ型の弧で、火山活動が比較的低調で、安山岩が噴出する原因だ。一方、弧があまり押されていない場合（＝マリアナ型）、マグマが上がってきても「はいどうぞ」とばかり、地殻が道を空けてくれる。だから火山活動は活発だ。また、マグマは地殻に留まる時間が短く、変化をあまりしないため、マリアナ型の弧では玄武岩の噴火が多くなる。

さて、東北日本弧と伊豆—小笠原弧は上田先生の分類ではどちらになるのだろうか。

スラブの沈み込み角度は、東北日本弧が約40度、伊豆―小笠原弧は約65度で、東北日本弧はチリ型に近く、伊豆―小笠原弧はマリアナ型に近いといえる。東北日本弧では奥羽山脈という立派な山脈ができているが、伊豆―小笠原弧は島々の連らなりに過ぎない。火山活動は、東北日本弧は伊豆―小笠原弧よりも低調と言える。そして、噴出する溶岩は、東北日本弧では安山岩が主体なのに対し、伊豆―小笠原弧では玄武岩[5]が主体である。こうしてみると、東北日本弧はチリ型、伊豆―小笠原弧はマリアナ型に近いと結論して良さそうだ。

富士山という巨大な問題

富士山は、日本の最高峰で本州では群を抜いて大きい火山だ。また、本州の火山では少数派の玄武岩を主体とする火山であるのも特徴的である。これらの特徴は、本州の火山が東北日本弧に属するのに対し、富士山が伊豆―小笠原弧の火山であると考えると、さほど不思議ではない[6]。富士山が日本の最高峰で、駿河湾まで続く雄大な裾野を作っているのは、活発で規模の大きい火山が多い伊豆―小笠原弧の火山が、たまたま本州島の陸上で形成されたから、と考えて取りあえずは良いように思う。

しかしよく検討してみると大きな問題があることもわかっている。富士山の属する伊豆―小笠原弧では、火山のマグマだまりは深さ5km前後と浅いため、マグマが噴出しやすいという話だった。ところが、最近の研究で富士山のマグマだまりは深さ20km[7]付近にあることが判明した。東北日本弧の火山のマグマだまりよりも深いくらいで話が違いすぎる。また、伊豆―小笠原弧は沈み込むプレートが押す力が弱めであるためマグマが噴出しやすいという話だった。しかし、富士山のある場所は富士山が属する伊豆―小笠原弧が本州側をグイグイと押している場所で、相当圧力がかかっているらしい。このことは、本州側の地層が激しく曲がっていることからも明らかだ（図8）。つまり、富士山が伊豆―小笠原弧の火山であると考えればいろいろな問題が片付くはずなのだが、よく検討してみると富士山が伊豆―小笠原弧の普通の火山とは言えないという問題が残るのだ。

いろいろな研究者が、これまで富士山が大きい理由や玄武岩を噴出している理由について語ってきたが、実際のところ、どれひとつとして日本の火山学者の大多数を心から

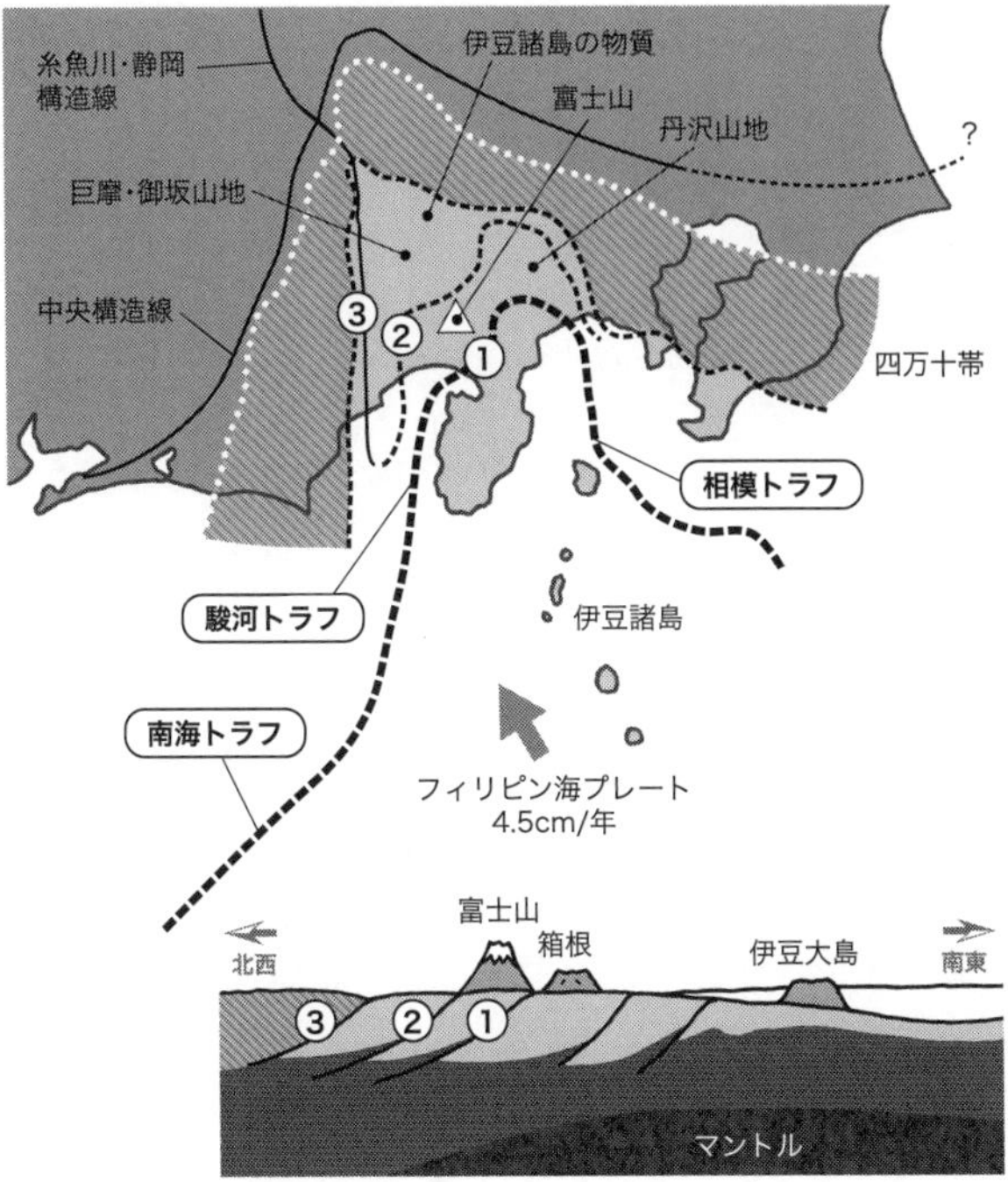

図8　伊豆—小笠原弧が本州側をグイグイ押している(8)。このため本州の地層は大きく変形するとともに、断層ができて地殻の岩石が重なっているため、富士山の直下では地殻が厚くなっている。

納得させる説明にはなっていない。富士山は、安易で簡単にわかる解説を見事に拒絶するような、厳しさと奥深さを兼ね備えている一筋縄ではいかない研究対象なのだ。そんな富士山がどこまでわかっていて、どういうことが問題となっているのかについて本書ではじっくり見ていくことにしたい。

第二章　富士山は他の火山とどういう関係があるのか？

日本では年間、平均して6〜7座程度の火山が噴火を起こす（鳥は1羽2羽、と数えるように、山は1座、2座と数える）。わりと頻繁に噴火が発生しているわけだが、噴火が起きるたびに、富士山に影響があるのかとか、日本列島は全体的に火山活動が活発化しているのか、という話がマスコミを賑わせる。とくに、最近は西之島《にしのしま》がとても活発だし、2021年8月には福徳岡《ふくとくおか》ノ場《ば》という小笠原諸島の海底火山が噴火して、噴出した軽石が沖縄や鹿児島の沿岸に流れ着いて大きな問題となった。これらの火山の噴火と富士山は、もはやセットのように取り上げられる。たしかに、西之島も福徳岡ノ場も伊豆―小笠原弧の火山で、富士山と同じ弧に属する火山だ。これらの火山と富士山とはどのような関係にあるのだろうか。そして、これらの火山の噴火に刺激されて富士山が噴火することはないのだろうか？

1980年代の火山活動

もう40年くらい前のことになってしまったが、私が10代だったときは伊豆諸島の火山が活発だった。まず、1983年に三宅島《みやけじま》が噴火をした。この時は火口から溶岩が流れ出して、阿古《あこ》という集落の一部が溶岩流にのみ込まれた。今でも三宅島に行くと、溶岩流にのみ込まれた小学校の校舎が残っていて、島民の受けた影響が実感できる（図9）。その3年後の1986年には三宅島の70㎞くらい北にある伊豆大島が噴火した。この噴火では、島の中心部にある最高峰の三原新山《みはらしんざん》で真っ赤な溶岩が噴き出したが、そんなに爆発的なものではなかったので、これを見ようと観光客がやってくるような有様だった。ところが、突然、規模の大きい爆発的な噴火に移行して、全島民がその日のうちに島外に避難するという大事件となった。この噴火が火山業界に与えた影響は絶大で、この時にナマで赤く輝く溶岩を見て火山学者になってしまったという人は今の50代後半から60代の火山学者に結構多い。

三宅島、伊豆大島と相次いで噴火が起きたので、今度は箱根か富士山が噴火するのではないかという人もちらほら出たりした（図10）。そうしたらちょうど3年後の198

図9　1983年の溶岩流に飲み込まれた阿古小学校　©arinoki/PIXTA

9年に、静岡県伊東市の沖で海底火山が噴火をしてこれまた騒ぎになった。ちなみに、伊東市や周辺一帯は富士山や伊豆大島のような大きい火山ではないが、伊豆東部火山群と言って単成火山の集合がひとつの活火山として認定されている。単成火山とは1回こっきりの噴火で出来た小型の火山で、その場所では2度と噴火が起きないと考えられているタイプの火山である。温泉に入るカピバラで有名なシャボテン公園がふもとにある大室山《おおむろやま》や、頂上が公園になっている小室山《こむろやま》、火口に水が溜まって出来た一碧湖《いっぺきこ》などはいずれも伊豆東部火山群を構成する単成火山である。1989年に発生した噴火は海底火山で、陸地に顔を出していないが、海底は少し高まりができて手石海丘《ていしかいきゅう》と名付けられた。伊豆大島の三原山から手石海丘までは直線距離で40㎞くらいである。

このように、１９８０年代の伊豆―小笠原弧では、ご丁寧にも3年おきに噴火が北上してきたのである。そのようなわけで、１９８９年から3年後の１９９２年には富士山か箱根が噴火するのではないかと考える人もいたが、ご存じの通り何も起きなかった。

パターンと因果関係

人間の脳はパターン認識に秀でている。パターン認識とは視覚や聴覚、嗅覚など、人間が感知するさまざまな信号から何らかの特徴を抽出することだ。パターン認識が出来ないと、フライパンが視野にあってもフライパンがあるということがわからない。相手がしゃべっていても、単語が抽出できないので、何を言っているのかわからない。人間は特に教えられなくても目や耳などの感覚器から入った情報からパターンを自動的に認識できるようになるが、長らくこれを機械にやらせることは難しかった。最近は人工知能が発達してきたから、人間が気付かないパターンをコンピュータが見つけるような世

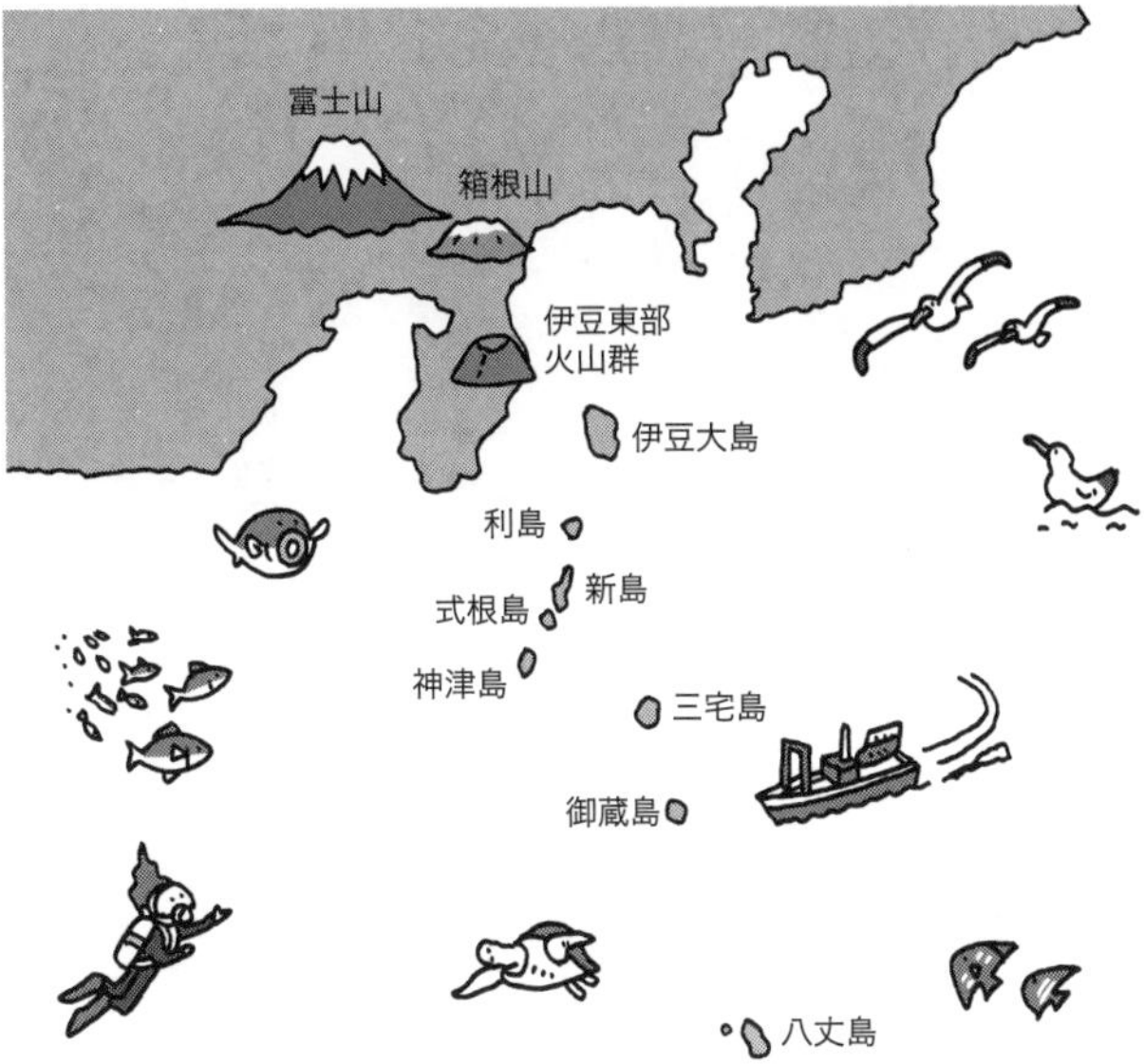

図10　富士山、箱根、伊豆東部火山群、大島、三宅島

の中になりつつあるが、それでも人間がパターン認識に相当優れているということは、確かだと思う。

問題は、人間は優れたパターン認識を自動的に行っているため、何の関係もないバラバラなものにも何らかのパターンを見出してしまうことがある点だ。その代表例として私が思いつくのは星座だ。星座を構成する星々は宇宙空間にバラバラに散らばっているが、人間は勝手に星と星の間に線を引いて、オリオン座、さそり座、アンドロメダ座などを認識して、挙げ句の果てに神話まで作ってしまった。ギリシア神話では、サソリに殺されたオリオンという人物を惜しんで、大神ゼウスが両方を星座にしてしまったという。しかし古代ギリシア人には悪いが、そんなのは嘘《うそ》っぱちであるのは明らかだ。

先の1980年代の伊豆地方における火山活動は、北上しながら3年おきに噴火しているというパターンがあるようにみえる。しかしそれは星々を星座で結んで嘘っぱちの物語を作るのと一体どのような差があるというのだろうか。残念ながら、パターンが見えるというのと、なにかの意味があるというのは別の話だ。パターンが見えたらそれを基に予測する、という行為は悪くないが、これからの人類はそんなことで満足してもらっては困る。パターン認識とそれに基づく予測は、人工知能が人間より上手《うま》くやるようになるだろう。人間の能力は、そうしたパターンが見られたとして、単なる偶然ではないかとまずは疑うこと。そして、偶然ではないとして、背後にどういう機構が働いてそのようなパターンを生じるのかを明らかにすることにもちいるべきだ、と私は思う。

私の結論は、1980年代に伊豆諸島で相次いだ噴火の原因はよくわからない。偶然かもしれない。そして、富士山と西之島は多分全然関係ない。私がどうしてそう考えるのか。弧においてどうしてマグマが形成されて、どのように上昇してくるのかを考えるとわかるように思う。

弧でマグマはどうやってできるか

弧では火山が形成されるが、それはなぜなのだろうか。それは弧の地下深くでマグマができるからである。地球はどこでも、地表から数十キロメートルより深くなるとマントルという部分に至る。マントルは1000℃以上とかなり高温ではあるが、大部分が融けてはおらず、カンラン岩という岩石で出来ていることがわかっている。これがほんのちょびっと融けると、玄武岩と同じ組成のマグマができる。問題はマントルのカンラン岩をどうやって融かすかだ。誰でも思いつくのは温度を上げてやれば良い、ということだが地球の中の特定の部分を温める方法がなかなか思いつかない。特に弧の直下には、沈み込んだプレートがある。沈み込んだプレートは長年、海底にいたからマントルに比べてかなり冷えている。だから弧の下のマントルはそれ以外の地域のマントルと比べてむしろ温度が低いかもしれない。それでもマグマができる理由として、今、多くの研究者が考えているのは、沈み込んだプレートがマントルに水をもたらしているからではないかというものだ。さまざまな実験で、マントルに水を加えると、融け出す温度、これを融点というが、それが低くなることがわかっている。マントルの温度を保ったままでも、水を加えれば融けはじめてしまうのだ。問題は、水がどこからくるのかということだ。

もともとは海の水がマントルへ

沈み込む方のプレートは海洋プレートといって、海底を構成しているプレートである。

海洋プレートは中央海嶺《かいれい》で生まれてからずっと海の底にある。このため、海洋プレートを構成する岩石には水が含まれている。ここでいう「含まれている」とは、単に岩石と水が一緒にあるという程度の生やさしい意味ではなくて、岩石のなかに含まれる結晶に水がガッチリ結合しているという意味である。岩石のなかに含まれる結晶のことを鉱物というが、水が結合している鉱物のことを含水鉱物という。海洋プレートは海底でできて、ずっと海底にあったので、岩石中の鉱物が水と結合して含水鉱物ができているのだ。

含水鉱物はそんなに珍しいものではない。たとえば、中学校の理科で出てくる硫酸銅は、含水鉱物のひとつだ（鉱物は天然の結晶のことだから、厳密にいうと工場で出来た硫酸銅は、鉱物とはいえないが、ここでは取りあえず目をつぶる）。理科で出てくる硫酸銅は、青くてとってもきれいな結晶で覚えている人も多いだろう。正式名は硫酸銅（Ⅱ）五水和物という。水和物とは物質が水を含んでいますよという意味で、五水和物とは、硫酸銅の分子ひとつに対して、水分子が5つ結合しているということを示している。ちなみに、硫酸銅（Ⅱ）五水和物のⅡって何よという話だが、これを話している時間が無いので学校の先生かGoogle先生に聞いてください。

さて、硫酸銅（Ⅱ）五水和物はハンマーで砕いても、すり鉢ですっても水は出てこない。硫酸銅とがっちり手を握っているからだ。しかし、水を取り出す方法はある。熱すれば良いのだ。硫酸銅（Ⅱ）五水和物を熱すると、結晶と結合していた水が出て行ってしまう。この時、硫酸銅（Ⅱ）五水和物は、水和物でなくなり、ただの硫酸銅（Ⅱ）になって色も白く変わってしまう。これを硫酸銅（Ⅱ）五水和物の脱水というが、それが発生する温度は250℃以上と決まっている。

さて、硫酸銅（Ⅱ）五水和物を知ったところで、プレートの話に戻ろう。沈み込むプレートの岩石には水が含まれていて、それが沈み込んでマントルにもたらされる。マントルは熱いので、沈み込んだプレートは徐々に加熱される。そうすると沈み込んだプレートの岩石から水が出てきて[1]、マントルにもたらされる。マントルは水を受け取ることで融点が下がり、マグマが少しできるというわけだ。

沈み込むプレートにある含水鉱物から水が出てくる温度、すなわち脱水温度も硫酸銅と同様、決まっていると考えられている。だから、沈み込んだプレートが大体同じような深さでその温度に達するとしたら、脱水が起きてマグマができる場所は帯状に分布していると考えられる（33ページ、図6）。

マントルでできたマグマはどうやって地表に上がってくるか

さて、沈み込み帯ではこうやってマグマができるが、それがどうやって地表に上がってくるのだろうか。マントルの中に土管のようなものが埋まっていて、そこをマグマが通っているとすれば、マグマはさぞかし快適に地表への旅をすることになるが、土管のようなものを自然が作るかというと、ちょっとありそうにない。自然が作るとしたら、割れ目のようなものだろうか。しかし、マントルというのは相当深い。相当深いということは相当圧力がかかっている。割れ目のようなものが何かの間違いでできたとしても、マントルにかかっている圧力ですぐに閉じてしまうだろう。さあどうしよう。

マントルの中でマグマがちょこっと入っている部分のことを、ここではマグマ入りマントルと呼ぶことにしよう。マグマ入りマントルは、普通のマントルよりも少し密度が低い。マグマはマントルより密度が低いからだ。マグマ入りマントルは、密度が低いので上昇したいと思っている。こういうとき、どのように上昇してくるのだろうか。

タコ坊主の実験

世の中には本当にいろいろな人がいるものだと思うが、密度が低いものが密度の高いものの下にあるとき、それがどういう格好で上昇してくるのかをひたすら研究している人がいる。大学時代、私のひとつ上の親しい先輩にそういう人がいて、いつも楽しそうに実験をしていた。そんなこと、何の役に立つのかと、何事も現実的な私は不思議に思っていたのだが、確かに実験の様子は面白い。

どうやって実験するか。まず、横が長くて奥行きがあまりなく、しっかりとフタができる水槽をアクリル板で作る。そして少なめの水でといた水飴《みずあめ》と、多めの水で溶いた水飴の2種類を用意し、多めの水で溶いた水飴の方に食紅などで色を付ける。少なめの水でといた方は密度が高い重い水飴、多めの水でといて色をつけた方は密度が低い軽い水飴となる。

次に水槽の中に重い水飴を流し込み、次いで色のついた軽い水飴をいっぱいまで流し込んで空気があまり入らないようにしつつしっかりとフタをする。そうしたら「いっせ

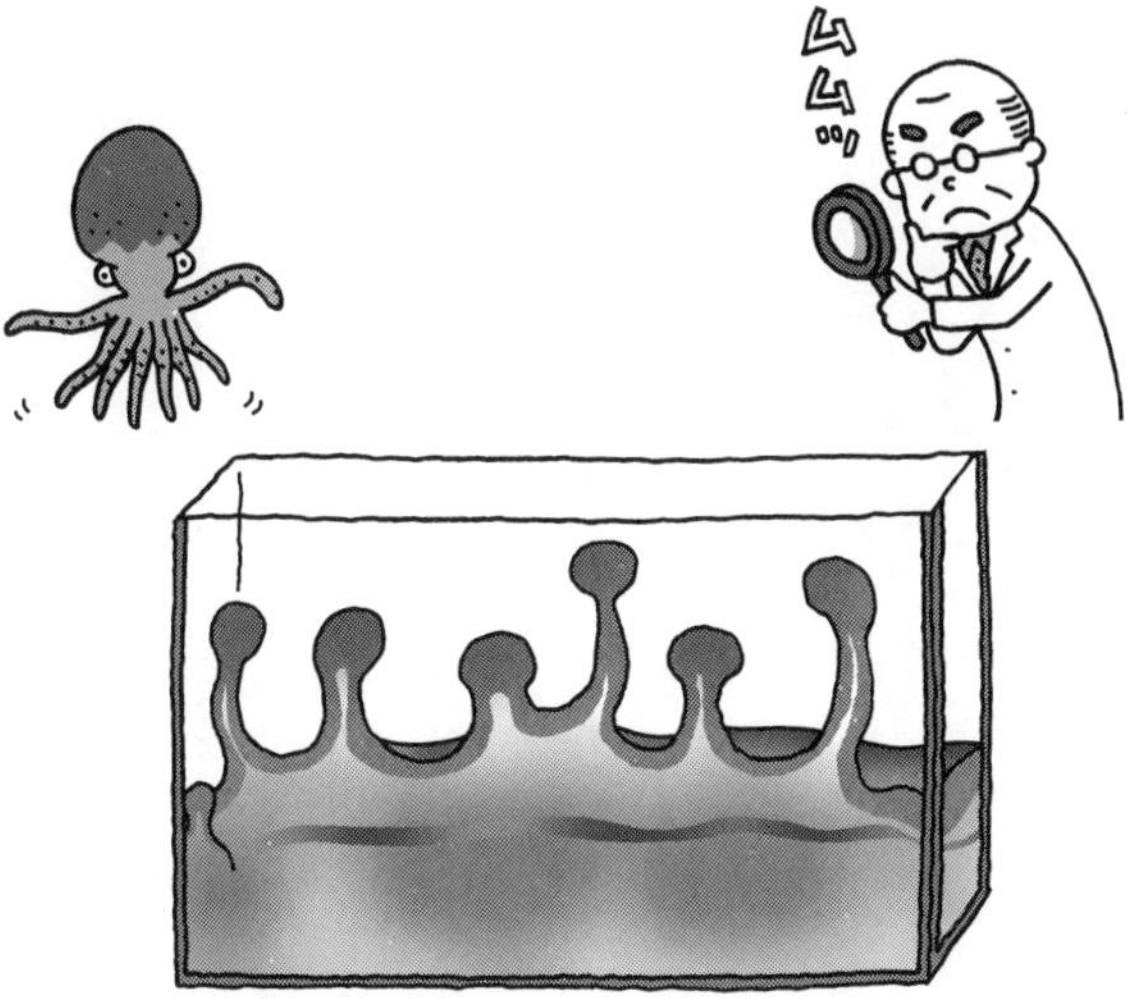

図11　タコ坊主実験の様子

いのせ」でひっくり返す。その結果が図11[2]だ。

　これは結構感動する。なんかタコ坊主が何匹も上がってくるみたいだ。興奮してタコ坊主、タコ坊主といっていたら、あとで先輩は「○○先生の前では、タコ坊主と言わない方が良いよ、傷つくから」と言ってくれた。人は思いやりが重要だ。

　タコ坊主を作る実験は、タコ坊主がかわいいから行っているわけではない。抽象的にいうと軽い密度の物質が重い密度の物質の下にあるので不安定な状態にあるとき、全体がどのような運動をするのか、というところに興味があって行われている。この不安定な状態には、「レイリー・テイラー不安定」という名前がついている。イギリス人のレイリーさんとテイラーさんが発見、研究したからだ。レイリー・テイラー不安定は、とにかくいろいろなところで顔を出す重要な現象なので、理学部や工学部に進学したら、一度は聞くことがある用語だと思う。ボーッと見ているとただのタコ坊主だが、研究されているのは面白い特徴があるためである。例えば、タコ坊主とタコ坊主の間隔が大体揃《そろ》うという面白い特徴がある。この間隔の距離を波長という。また実験によって波長は物質の粘り気などによって決まることがわかっている。

マントルダイアピルとホットフィンガー

こういう実験から、周りより密度の低いマグマ入りマントルはタコ坊主のように上がってくるのではないかと多くの火山学者が考えている。なお、マントルで発生するこうしたタコ坊主のことをマントルダイアピルという。ダイアピルとは地質学の用語で、周りの地層を押しのけて上がってくる岩石の塊のことをいう。ダイアピルを作る岩石として有名なのは、岩塩である。岩塩は地中海のように周りを陸に囲まれた海が完全に閉鎖されたとき、その海水が干上がってできる。その後、上に地層がたまるが、たまった地層が岩塩よりも密度が高い場合、岩塩は上昇をはじめるのだ。岩塩のダイアピルは日本にはないが、アメリカのメキシコ湾沿岸とかイランとかにはやたらにある。こうした岩塩ダイアピルもタコ坊主状に何匹も群れをなして上昇をしているものが知られている。

それはさておき、軽くなったマントルが、タコ坊主、じゃなかった、マントルダイアピルとして上がってくることを実証した研究は無いのだろうか。実はある。残念ながら富士山ではないが、東北日本だ。ここでは地震波を使ってマントルの様子を透視する手法など、さまざまな方法を駆使して、上昇してきた軽いマントルらしきものを捉えている。この研究を行った田村芳彦さんはマントルダイアピルではなく、ホットフィンガー[3]と呼んでいる。タコ坊主というより、人間の手の指のように見えるからだ。形は指のようだが、上昇してくる理由はマントルダイアピルとおなじだ。

東北日本の場合、ホットフィンガーの上には火山が直径50㎞くらいの範囲に集団をなして分布をしている。そして火山の集団と集団の中心間は80㎞くらいの距離があり、間には幅30㎞前後の火山がない場所が拡がっている。これは、タコ坊主の直径が50㎞くらいで、波長が80㎞くらいだ、ということを意味しているのだろう。

まとめるとこういうことだ。マントルの中では、軽いマントルがレイリー・テイラー不安定の状態にあり、タコ坊主のように上昇してくる。これをマントルダイアピルという。マントルダイアピルの直上には、マントルダイアピルからマグマの供給を受けていくつかの火山が形成され、火山群ができる。しかし、マントルダイアピルとマントルダイアピルの間にはただのマントルがあるだけなので火山は形成されない。そして東北日本の場合、マントルダイアピルの大きさは50㎞くらい、波長は80㎞くらいである。これを見つけた田村さんはこのマントルダイアピルがタコ坊主っぽい形をしていないので、ホットフィンガーと呼んでいる、というわけだ。

富士山と西之島のマグマは繋がっている？

伊豆―小笠原弧の火山の地下のマントルではホットフィンガーが見つかったという研究はない。伊豆―小笠原弧は陸地が少ないので、地震計をたくさん設置して観測をする

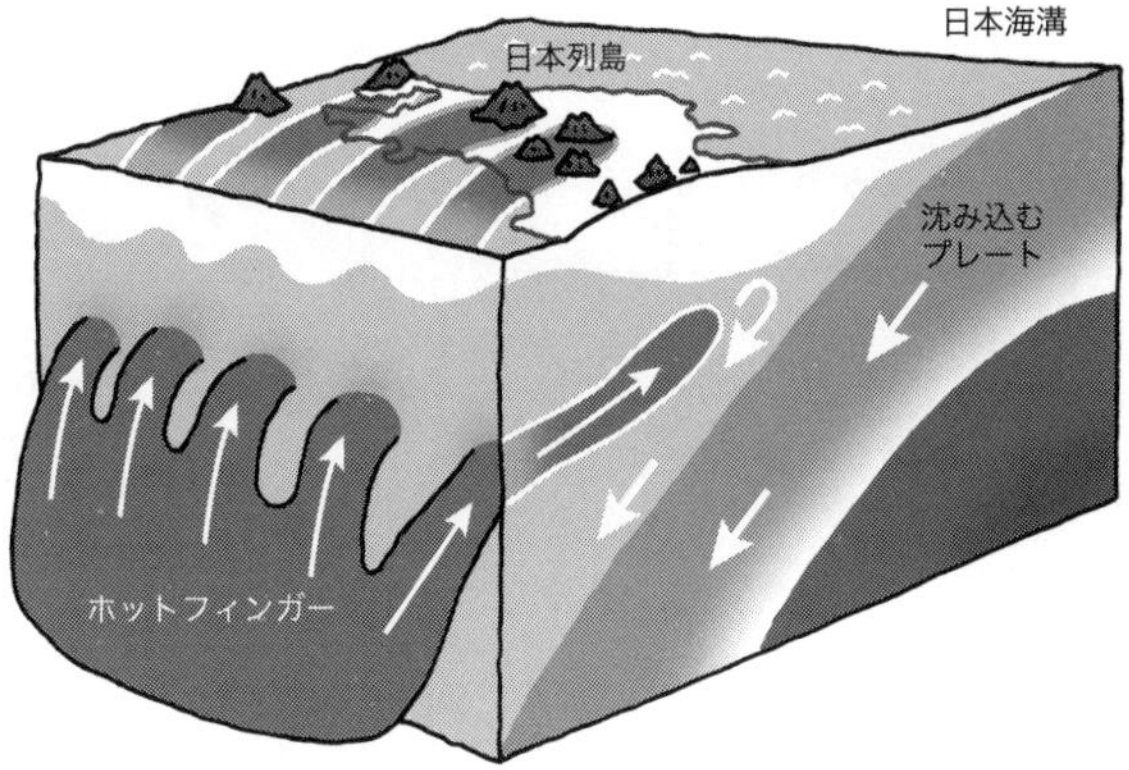

図12　ホットフィンガー説
まっすぐ上昇せずに、斜めに上昇するのはマントル内の岩石の流れを反映したものと考えられている。

のが難しいためである。しかし、伊豆─小笠原弧でも火山にマグマを供給する軽いマントルがホットフィンガー、あるいはタコ坊主の格好で上がってきていると考えるのが火山学者としては普通の考え方である。そして、何百キロも離れた火山は別のホットフィンガー、あるいはタコ坊主に属していると考えた方が良いだろう。確かに伊豆─小笠原弧の火山はフィリピン海プレートの下に太平洋プレートが沈み込んでいるためにできた、という共通点がある。しかし、富士山と西之島くらい離れてしまったら、富士山のマグマが西之島に移動するみたいなことはありそうにない。もはや2つの火山のマグマには関係がないと言って良いのではないだろうか。

伊豆―小笠原弧、火山という2つのキーワードが出てくると、「マグマが繋がっている」と早合点する人たちがいる。私に言わせれば、そのような人たちは、星々を結んで星座を作ってしまうような人たちだ。イマジネーションが豊かと言えるが、その裏付けはあんまり深く考えていないのではないだろうか。そもそもマグマが地下で繋がっているという時にどういう絵柄を頭に浮かべているのだろうか？　世間話としては面白いが、科学の世界はその程度で世渡りできるほど甘くない。

しかし、伊豆大島《いずおおしま》と富士山、伊豆大島と三宅島、というふうに隣同士の火山となると話はちょっと微妙になる。これらは同じホットフィンガー上の火山で、何らかの関係があるかもしれない。マグマが移動するなどして、火山が隣の火山と関係することはないのだろうか。

隣の火山にマグマが移動したケース

あらかじめ断っておくが、１９８０年代に、三宅島、伊豆大島、伊豆東部火山群の間でマグマが移動したことを示す観測はない。しかし、マグマが隣の火山に移動することはある、とはされている。その例として、火山学者のなかで一番有名な事例はアラスカ半島で１９１２年に発生したノヴァラプタ[4]の噴火だ。この噴火は総噴出量が34㎦と推定されている。ちなみに富士山で最大の噴火は１７０７年に発生した宝永噴火だが、この時の総噴出量は１・８㎦だから、20倍近い大噴火だ。実際、20世紀に発生した噴火の中では最大級である。噴火した場所は、アラスカの州最大の都市であるアンカレッジから４７０㎞離れたとんでもない僻地で、今でも行くとしたら、飛行機と車を乗り継いだあと、最終的にはテント生活をしながら徒歩で到達するしかないという。私は学生時代にノヴァラプタの論文を読んで以来、行きたいと念願している。だから、何人かのアメリカ人研究者にどうやったら行けるか聞いてきたが、自分たちはヘリコプターで調査をさせてもらえるが、一般人が自力で行くのは時間ばかりかかって、相当難しいという答えを異口同音にもらっている。

そんな辺鄙《へんぴ》なところだが、１９１２年噴火の直後に探検隊が組織されて、調査が行われた。噴火が起きたのは火山灰が降ってきたからわかったが、どこで噴火が起きたかまではわからなかったからだ。現地に到達した探検隊は、カトマイ山という噴火前には富士山みたいな形をしていた山が、中腹でバッサリ切り取られるようになくなっていて、中に直径2km以上の大穴が出来ていたのを見つけた。だからはじめは、カトマイ山が噴火をして、山が吹き飛んだのだと思った。ところがよく調べてみると噴出物はカトマイ山付近では厚くなく、10kmほど西に新しくできた火山の周りで厚くなっていることがわかった。そこで探検隊はその新しくできた火山が噴火をしたと判断し、ラテン語で「新しく発生した」という意味の、ノヴァラプタという名前を付けたのだった（図13）。

その後の研究を踏まえ、今では、1912年噴火は次のように解釈されている。まずノヴァラプタの直下にあったマグマが噴火をした。ところがそのうち、ノヴァラプタにカトマイ山直下のマグマだまりからマグマが供給されるようになった。カトマイ山のマグマをもらって調子に乗ったノヴァラプタがジャンジャン噴火しているうちに、カトマイ山は直下にあったマグマがどんどん吸い取られて、マグマだまりの上にあったカトマイ山は最終的に陥没した。

しかし、ノヴァラプタとカトマイ山は別の火山ということにしたものの、10kmくらい

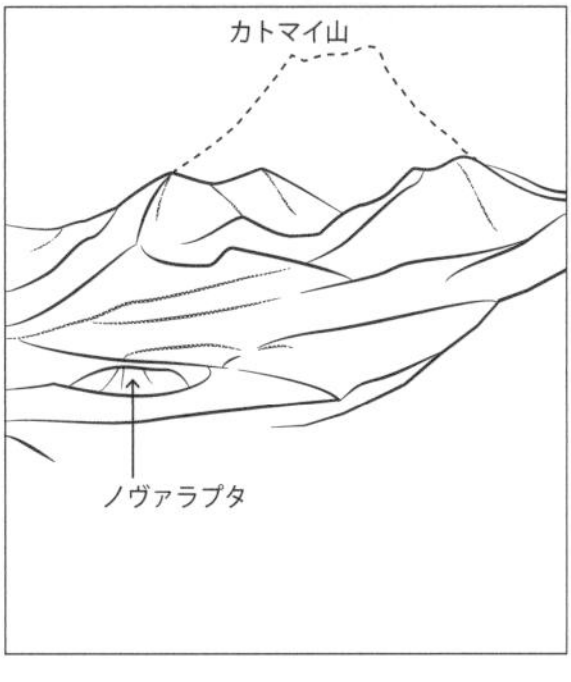

図13　カトマイ山とノヴァラプタ。奥の雪山がカトマイ山。もとは富士山型だったが陥没してこの形になった。手前のノヴァラプタはカトマイ山に比べるととても小さい。Photo by Stephanie Prejean (USGS/AVO)

トレース　朝日メディアインターナショナル

しか離れていないから、本当に別の火山と言って良いか、ちょっと微妙だ。アラスカの僻地で起きた巨大噴火だから、なんとなく大きいスケールの話をしているような気になるが、富士山では、山頂から10km以上離れたところでも、噴火口があって、富士山のマグマを噴出している。だから、そのくらいの距離では別の火山と言えないという考えも成り立つ。しかし、いずれにしても、これくらいの距離ならマグマは横に移動できるということはわかる。

マグマの長距離移動

ノヴァラプタではマグマが10kmくらい移動できることがわかったが、もっと移動したことがわかっている事例がある。なんと日本の事例だ。それも観測されたのが２０００年と、たった22年前だ。その火山は三宅島だ。

三宅島では２０００年６月26日に多数の地震が起き始め、大きな地殻変動も観測されるようになった。三宅島は20世紀に入ってから20年に１度くらい噴火をしていて、前にも述べたが１９８３年にも噴火があってその後は静かな状態だった。だから、また噴火をするものと、私もふくめ多くの火山学者が駆けつけた。ところが、地震の震源は三宅島の中心にある最高峰、雄山には向かわずに、島の西の海へ移動をしていき、海底で小規模な噴火が発生した。その後も地震はどんどん西に進んで、最終的には隣の神津《こうづ》島《しま》や新島でも地震が多く発生するようになった。一方、三宅島では雄山の山頂が7月8日以降、何回かに分けて陥没して（図14）、そのたびにマグマ成分に乏しい噴火が何回か発生した。三宅島では大きいマグマ噴火は起きなかったが、陥没により生じた火口からマグマ性の火山ガスが大量に放出されるようになり、住民はガスの被害を避けるため、その後4年半も島外避難を余儀なくされた。

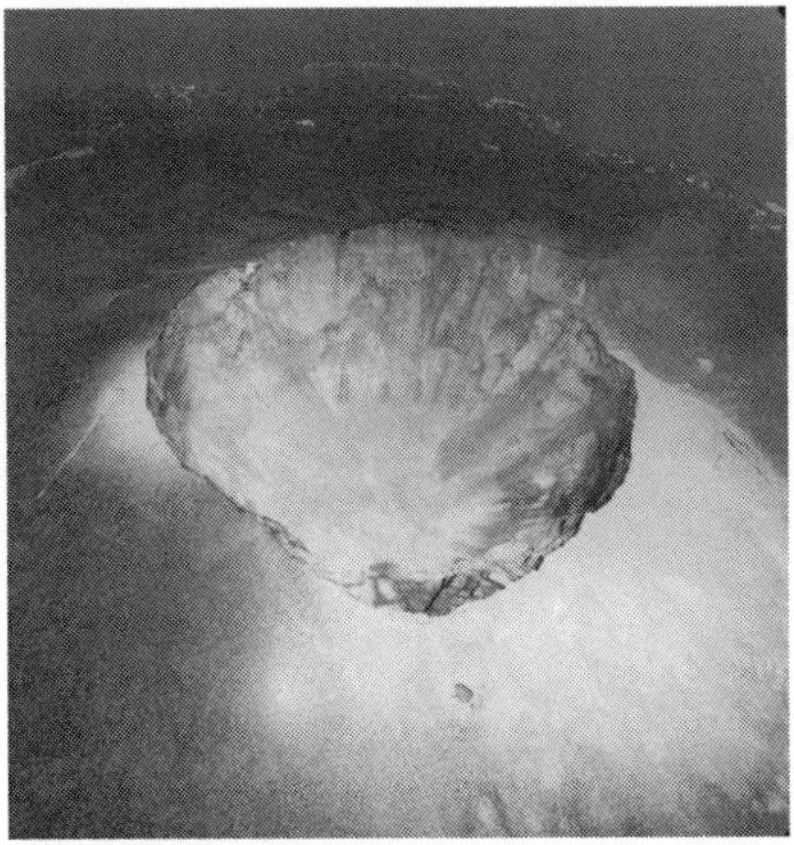

図14　陥没した直後の三宅島雄山　（2000年7月22日撮影・アジア航測株式会社）

　ここまでの話で、何かカトマイ山・ノヴアラプタの噴火と似ていると思わないだろうか。実際、地殻変動の研究からは同様な結論が得られている。すなわち、マグマだまりはもともと三宅島の直下にあった。ところがマグマが目指したのは地表ではなく地下を西に進むことであった。マグマが移動して、地下のマグマだまりからマグマが抜けてしまい、中心にあった雄山はマグマの支えを失って陥没してしまった。マグマは移動しただけで、三宅島近くの海底で小規模に噴出したものの、大きな噴出はなかった。三宅島の近くで新たな火山はできなかったが、マグマが移動したせいでマグマの元となった火山が陥没してしまったという点で、三宅島の2000年の事例とノヴァラプタは同じだ。三宅島で2000年の陥没以降、火山ガスが大量に出たのは、マグマだまりと地表の間が陥没してグサグサになることで、その隙間を通ってマグマだまりから放出される火山ガスがそのまま地表にもたらされたためだと考えられている。

マグマはどうやって移動するのか

プレートの沈み込み帯でできるマグマは、周りのマントルと一緒にタコ坊主を作って移動すると考えられている、と前に説明したが、これは地下深く、マントル内の話であ

図15　マグマの移動はモグラの移動のように、ある点から別の点にまるまる移るわけではない。岩脈というマグマで満たされた割れ目を作りながら動くのだ。

る。ノヴァラプタや三宅島でのマグマ移動はせいぜい地下20㎞より浅い地殻の中を、ほぼ液体のマグマが、ドロドロの状態で移動する。それではどういうふうに移動するのか。ひょっとしたら土管のようなトンネルが地下にあって、そこをマグマが滔々《とうとう》と流れるということもあるのかもしれないが、ほとんどは岩脈という形態をとることが知られている（図15）。

岩脈とは、もともと、地層の中に生じたシート状の溶岩のことをいい、地質学者は昔から存在を知っていた。特に珍しいものではない。というか、火山周辺で地質調査するとよく見られる。脈とは血管のことだが、それは岩脈の断面方向にすぱっと切ると、ちょうど血管のように見えるからで、三次元で見るとシートになっている。地下でマグマが移動する際は、こうしたシートを作りながら移動していくが、それが冷えて固まったのを、地質学者は昔から認識していたというわけだ。近年は、地殻変動の観測によって岩脈ができていく様子を捉えられるようになった。また、岩脈ができるときは、もともとあった地層をバリバリ割っていく。割っていくときに生じるバリバリという衝撃が地震となって観測される。先ほど紹介した三宅島から神津島に向けてマグマが移動した事例というのも、地震と地殻変動から岩脈ができたと確認されたものであるが、岩脈の大きさが計算で推定されており、長さ20㎞、高さ10㎞、厚さ10ｍという値が論文になっている[5]。

こう聞くと、ちょっと怖い気もする。たしかに、三宅島の事例の場合、岩脈を作ったマグマの量は単純計算で、20㎞×10㎞×０・０１㎞で２㎦となる。宝永噴火の噴出量が１・８㎦と書いたが、宝永噴火の噴出物は黒い軽石で出来ているので泡がたくさん入っている。泡を取り除いてマグマだったときの量に戻すと大体半分くらいになる。だから宝永噴火で放出されたマグマの量は、０・９㎦くらいだ。三宅島の岩脈を作ったマグマは、宝永噴火の2倍以上ということになる。２０００年噴火が人間生活に与えた影響は大きかったが、岩脈を作ったマグマが何かの手違いで噴火したら集落が厚い火山灰や溶岩流で埋まって、もっと大変なことになったかもしれない。

マグマが移動するというと、すごく怖い気がするが、遠くに行けば行くほど岩脈を作るためのマグマが必要になる。だから、べらぼうに遠くまで、たとえば１００㎞とか２００㎞先にまでマグマが移動するとは普通は考えにくいし、たとえ移動しても岩脈を作る分のマグマは噴火しない。だから、全体に見てマグマの移動、つまり岩脈形成は、大きなマグマ噴火を抑える出来事といえるかもしれない。マグマの移動は、ノヴァラプタや三宅島の海底噴火の事例のように、火山近傍にあたらしい噴火口を作る場合もあるし、場合によっては隣の火山を刺激する可能性もあり警戒したほうが良いが、遠くの火山に間違いなく影響があるかのように怖がるのは間違いだと思う。

地震と噴火の関係

この本はガッツリ火山のことに特化する予定だったが、ついでにセットで語られがちな地震との関係についても少しだけ見て見よう。

2011年3月11日に東北地方太平洋沖地震が発生した。ちなみに、この地震を東日本大震災と覚えている人も多いかもしれないが、それは地震災害の名前で、引き起こした地震には東北地方太平洋沖地震という名前が付けられている。東北地方太平洋沖地震はマグニチュード9の地震だったが、マグニチュード9クラスの地震は地球上でおきる最大級の地震で、数え方にもよるが1900年以降7回ほどしか発生していない。興味深いことに、東北地方太平洋沖地震より前に起きたマグニチュード9クラスの地震の後には、数年以内にかならず近傍の火山で噴火が発生していた。地震の揺れや、地震に伴う地殻変動が、マグマだまりに何らかの影響を及ぼしたためだと考えられている。

実際、東北地方太平洋沖地震の発生直後に、多くの火山の直下で地震活動の活発化が見られた。富士山でも、地震の4日後の3月15日にマグニチュード6・4の地震が発生して、建物被害やけが人が発生した。震源は山頂の南南西6km、深さ15kmの地点にあり、大きい富士山のことだから直下ともいえるようなところでの地震だったため、これはさすがに噴火に結びつくか、と火山学者の多くが覚悟したものの、結局噴火には至らなかった。ちなみに、地震から10年以上経った現在でも東北地方の火山で噴火は発生しておらず、日本全体でも年間に噴火する火山は7座程度と、地震前と違いが無い。マグニチュード9クラスの地震の後には必ず近くで火山が噴火するわけではないという事例ができた、と言って良いかもしれない。

富士山と巨大地震の連動

富士山はフィリピン海プレートと本土側のプレートの境界付近に出来ている。両プレートの境界は、東側が相模《さがみ》トラフ、西側が駿河《するが》トラフと言い、どちらもマグニチュード8クラスの地震を起こしうる。こんな近くで巨大地震が発生したら、富士山のマグマだまりにも影響がありそうだ。

実際、1707年12月16日に噴火開始した宝永噴火の直前、同じ年の10月28日には宝永地震という巨大地震が発生している。宝永地震は駿河トラフの延長にある南海トラフを震源とした地震だ。また少し前の1703年12月31日には相模トラフで元禄《げんろく》関東地震という巨大地震が発生している。富士山と相模トラフ・駿河トラフの巨大地震との関連性については、たしかに関係がありそうな事例がほかにもある。しかし、歴史上何度も発生している駿河トラフ、相模トラフの地震のたびに富士山が噴火しているというわけではない。例えば、1923年9月1日に大正関東地震という相模トラフでの巨大地震が発生した。いわゆる関東大震災だが、この時に富士山は噴火していない。

まとめると、大変大きい地震が火山の近傍で発生すると、それに連動するように噴火する場合があるが、そうではないケースも多い、ということだ。こうした観察から、大きい地震があったら、火山の噴火にも念のため気をつけましょう、と結論するのが優等生的かもしれないが、へそ曲がりな私はこういうのに少し反発を覚えてしまう。それじゃあ地震がない時は、火山の噴火に気をつけなくて良いのだろうか？　確かに政府や自治体が危機管理計画を立てるときは、地震と噴火が相次いでおきた場合など、難しいケースも想定して置くのが理想だろうし、一般市民もそういうことがあるということを念頭に置いて備えておくべきだ。しかし、地震がおきたから気をつけましょう、ではなく、災害はいつ起こるかわからないという前提に立って、常に備えるのが王道だと思う。

　ちなみに、最近の研究では宝永地震が富士山のマグマだまりを揺らすことが宝永噴火の引き金になったとする論文[6]がある一方、駿河トラフや相模トラフの地震発生で富士山にはたらく力を計算した結果では噴火を誘発するようにみえないとする論文[7]もある。ようするにこれといった定説が火山学者の間にあるわけではないのだ。

噴火や地震は立て続けにおきるのが当たり前

日本で生活していると時々火山噴火や地震が立て続けに起きることがある。例えば、この本を書いている最中にもわずか1か月の間に、富士山の近く、伊豆大島の近く、トカラ列島で群発地震が発生して、火山活動との関連性について報道がされた。噴火や地震が相次ぐと、さすがの私だって少し怖いと思うが、週刊誌やネットニュースで報道される、「日本列島の地殻の活動は活発になっている」とか、「富士山の噴火と××地方の地震は関係がある」、みたいな自称専門家のコメントには、正直なところ哀れを催してしまう。私に言わせれば、噴火や地震は立て続けにおきる確率が一番高いのだ。

こんなことは少し考えれば当たり前だ。簡単な計算で証明できるから、一緒に考えてみよう。

仮に、日本では平均して50日に1回の割合で噴火が発生していると考えよう。さて、たまたま今日、どこかで噴火が起きたとしよう。それでは、明日もどこかで噴火する確率はどうなるだろうか。

もし今日発生した噴火が明日おきる噴火に影響を及ぼしていないとすれば、この答えは簡単で1／50、たったの2％だ。たしかに確率としては低い。次に、今日噴火して、明日は噴火がないが、明後日噴火する確率はどうなるだろうか。これは噴火が（起きない確率）×（噴火の起きる確率）＝49／50×1／50＝49／2500となる。これは1・96％だ。先ほどの2％と比べると少しだけど確率は低くなった。つまり1日置いた後で噴火する確率は、連日で噴火が発生する確率より低いのだ。

それでは、今日噴火して、明日と明後日は噴火がないが、明明後日に噴火する確率はどうなるか。これは49/50×49/50×1/50だから2401／125000となるが、これは1・92％でわずかだがさらに低くなる。

ここまでくると賢い皆さんならわかると思うが、噴火が起きない日になる確率（ここでは49／50）は、1より必ず小さいので、時間がたってから噴火する確率のほうが必ず低くなる。つまり、噴火は立て続けに起きる確率が一番高いのだ。

最初に仮定したとおり平均の噴火間隔は50日だ。だから、次の噴火までの待ち日数でもっとも確率が高いのは50日だ、と直観する人は多いと思うがこれは間違いだ。50日たってから噴火が発生する確率は $(49/50)^{49}$×（1/50）で0・74％と2日連続で噴火する確率の半分以下になってしまう［$(49/50)^{49}$で肩についてる小さい49は（49/50）を49回かけることを意味する］。正確なことは確率統計の教科書に譲るが、ここで見たような、気まぐれで稀《まれ》に発生する事象が生じる過程のことを、ポアソン過程という。

また、ポアソン過程にのっとって発生する事象が、次に発生するまでの待ち時間の分布（ここでいうと、1日後が2％、2日後が1・96％、3日後が1・92％……50日後が0・74％という分布）は指数分布と呼ばれる分布にのっとることが知られている。そして指数分布は、すぐに次の事象が発生する確率が一番高いという性質を持っている、ということが19世紀から知られている。

もちろん、噴火や地震が立て続けにおきるのは何か未知のメカニズムがあってのことかもしれない。しかし、簡単な確率論でこうした結果が出ている以上、まずは立て続けにおきているのが確率論では説明がつかないとする証明や、立て続けにおきているメカニズムはかくかくしかじかであるという何らかの説得力のある仮説がなくてはならない。何となく関係性がありそうに見えるということと、実際に関係があるということの間には大きな開きがあり、その開きを埋める努力をしないで適当なことを言ってはいけないと私は思う。

火山は個別に見た方が良い

私は火山というのは基本的には、個別にじっくりと観察研究することを優先した方が良いと思う。つまり、富士山と伊豆大島とか、富士山と南海トラフ地震とか、関係性があるように見えるが、その理由がはっきりしないことを一生懸命研究するのではなく、富士山は富士山だけで、これまでどのような噴火を起こしてきたのか、噴火に至るまでにどのようなことがあるのか、などを明らかにしていく方が、科学的にも防災的にもはるかに実りの多いことだと思う。もっとも、これは私の趣味の問題で、やっぱり噴火同士や噴火と地震の関係を調べたいという研究者がいても私は尊重する。関係っぽい観察がある以上、誰かがその理由を解明する必要がある。

実際、テレビや週刊誌で頻繁にコメントしているチャラチャラした先生ではない、すごく真面目な研究者たちが、大地震のあとにおきた噴火したケースや、別の火山の噴火の直後に噴火したケースを一生懸命研究している。(8) こうした研究を紹介し出すと、また一冊本が出来てしまうので結論だけ紹介すると、たしかに関係がありそうに見える場合はあるし、そうした関係を作るメカニズムも考えられる。ただ、そうしたケースでは、その火山がもともと噴火に非常に近い、いずれにしてもそのうち噴火してしまうような火山だからなのではないか、という考えが有力である。だとすると、やはり噴火予知の王道は、その火山を個別にじっくり観察するということだろう。

次の章からは、富士山だけに的を絞って、この火山がどういう噴火をしてきたのかをじっくり見ていくことにしたい。

第三章　富士山は活発といえるのか？

富士山はこの３００年ほど噴火をしていない。だから、現在生きている人間は誰も富士山の噴火を見たことがない（夢で見た、という人はいるかもしれないが）。しかし、不活発な火山とはいえない。どうして日本で一番高い、しかも蔵王山のように上げ底になっていない大きい火山になったかといえば、頻繁に噴火してきたからだ。富士山はつい最近、活動を突然止めたので今後は噴火を起こさない。だから、心配ご無用という超楽観的な考え方もあるかもしれない。しかしそれは、１００年に満たない自分の人生経験を、何十万年というタイムスケールで生きている火山にあてはめようとしていることによって生じる誤りだと考える。

標準的な火山学者の理解では、富士山はいま、ほんの少し休んでいるだけでそれは仮の姿。正体はとても活発な火山だ。実際、日本の歴史を少しさかのぼれば、いにしえの人々が現代人とは全くちがう富士山を見ていたことがわかるのだ。というわけで、この章では日本の古典に残された富士山の姿[1]を見ていくことにしよう。

竹取物語と富士山

中学生になると国語の時間に古文というものがあらわれる。一番最初に触れるのは、竹取物語[2]というのは今も昔も変わらない。竹取物語、ようするにかぐや姫の物語は、平安時代前期の9世紀後半から10世紀前半ごろに成立、つまりできあがった、日本最古の物語文学とされていて、その点でも一番に取り上げられる価値がある。私が中学生だったのは40年近く昔だが、冒頭の「いまは昔、竹取の翁といふもの有けり。野山にまじりて竹を取りつゝ、よろづの事に使ひけり。名をば、さかきの造《みやつこ》となむいひける」あたりまでは今でも暗誦《あんしょう》できる。しかし、中学の先生は、暗誦させて満足して、詳しい内容まで踏み込まないのだろうか。日本を代表する物語文学であるにもかかわらず、その後がどうなったか、詳しく知っている日本国民は多くない。

竹取物語はざっくりというと、竹林でおじいさんに見出されたかぐや姫が、短期間で超絶的に美しい女性に成長し、貴人たちが言い寄る。しかし、かぐや姫は無理難題を言って退け、挙げ句の果てに月に帰ってしまう、という話である。よく読むと、SFみたいな要素もふんだんにあって、本当に平安時代に成立した物語なのか、疑問に思ってしまうほど奇妙な物語だ。だから中学生相手に深入りするのは、国語の先生にとってリスキーなのかもしれない。しかし、かぐや姫が月に帰ったあとの顚末《てんまつ》に、富士山が描かれているのだ。これはぜひ、日本国民の常識として知っておいていただきたい。

かぐや姫に最後に言い寄ったのは、帝《みかど》だが、これも退けたかぐや姫は月に帰る直前、文とともに不死の薬を帝に送る。しかし、帝はかぐや姫のいないこの世で不死の薬があっても何にもならないと考える。そこで、使いの者に、もっとも天に近い山で薬を燃やしてしまえと命じる。竹取物語は、その山は駿河国《するがのくに》にあり、不死の薬を燃やした山なので「ふじの山」と名付けられた、と富士山の語源を解説する。そして「今でも薬を燃やす煙が立ち上っていると伝えられている」（その煙いまだ雲のなかへたち昇るとぞ言ひつたへたる）と物語全体を結んでいるのだ。

ちなみに竹取物語は、SF的要素に加えて、オヤジギャグのような語源解説が全体にちりばめられていて、今の人でも「ふじの山」のくだりは「またまたー（笑）」という感じで読める。しかし、薬を燃やした煙ってなに？　というのが現代人の疑問だろう。これは虚心坦懐《きょしんたんかい》に読めば噴煙のことだ。要するに平安時代の人たちは富士山に噴煙が立ち上がるのを見ていたし、富士山を見たことがない人でも、富士山はそのような山であることは知っていた。だから、平安時代の人々は、竹取物語の煙の件《くだり》を読んで、「上手《うま》いこと言ったものだ」と感心していたに違いない。

更級日記

竹取物語はしかし、所詮はフィクションである。本当に富士山＝煙が上がる山なのか、証明できるかと言えば、若干弱い。やっぱりノンフィクションが必要だ。出でよ、ノンフィクションというわけで、今度は更級《さらしな》日記という作品を取り上げてみよう。

更級日記は高等学校の古典の授業で扱われる。著者は西暦１００８年に生まれた平安貴族の菅原孝標女だ。著者の正しい読みは「すがわらこうひょうおんな」ではなく、「すがわらのたかすえのむすめ」である。お父さんの名前はわかるが、本人の名前がわからない不幸な著者名だ（と、古典の先生は言っていた）。ちなみに、菅原孝標は学問の神様として名高い菅原道真《みちざね》の孫の孫だそうだ。

孝標女は、孝標の任地である上総国《かずさのくに》で育った。上総国は現在の千葉県中部一帯をさすが、孝標女は、国府があったと推定される千葉県市原市で育った可能性が高いという。市原だから横浜生まれの私と同様、彼女の成長過程で富士山はいつも目にする存在だったようだ。そして、13歳の時に父が任期を終え、一家は東海道を西へと旅して都に戻ることになった。この時に、それまで遠くから見ていた富士山のふもとを旅する。更級日記にはその時の富士山が書き留められている。

曰く「山の頂が平らになった所から、煙が立ち上る。夕暮れは火が燃え立つのがみえる」（山のいたゞきのすこし平《たひ》らぎたるより、けぶりはたちのぼる。夕暮《ゆふぐれ》は、火のもえ立《たつ》も見ゆ）とある。竹取物語よりかなりリアルだ。昼間は噴煙が上がっているし、夜は赤く光って見えるということだろう。このように夜、火口の上空が赤く光って見える現象のことを、火山学では火映現象という。なぜ光るかというと、火口の底にたまった熱くて真っ赤に光る溶岩や、火口から噴き出す高温の火山ガスが発する光が上空の噴気や噴煙、雲などにあたって乱反射することで火口上空が光っているように山麓からは見えるためである。

ちなみに、平安時代の富士山の山頂火口に真っ赤な溶岩がたまっていた可能性は低い。地質学的に山頂火口が噴火に使われたのは約２３００年前が最後で、それ以降は山腹から噴火を起こしていたことがわかっている。山頂火口に新しい溶岩がたまっているという調査結果もないので、火映現象の原因は高温の火山ガスであろう。

いずれにしても、孝標女の記述は現代の火山学者が見ても不自然でない、しっかりとしたリアルな記述と言える。孝標女が13歳だったことを考えると、恐るべき観察力と記憶力である。道真の才能が遺伝していたのだろうか。また、孝標女が東海道を移動したのは西暦１０２０年であることがわかっているので、この辺も作者から成立時期まで、万事漠然とした竹取物語よりリアルだ。しかし、私は皆さんよりよりリアルに感じている自信がある。こういう山を、私はこの目で見たことがあるからだ。

チリにある平安時代の富士山っぽい活火山——ビジャリカ火山

もう20年近く前になってしまったが、２００４年に国際的な火山学会である国際火山学地球化学内部協会の総会が南米チリのプコンという町で開催された。学会と言えばエクスカーションだ。この時、私が参加したのは会合の前に開催されたアンデス山脈のなかの標高5000mでの火山見学というクレイジーなエクスカーションであった。案の定、30名近くの参加者中、ほとんどの人が高山病で頭痛を訴え、うち2名が脱落、1名が緊急入院という凄《すさ》まじい結末に終わった。日本のエクスカーションでは考えられない過酷さである。私は頭が痛いくらいでなんとか終わって、その後行われた快適なホテルでの総会本体をエンジョイしていたが、ランチ会場の近くにツアーの宣伝が貼ってあって、そこに「ビジャリカ山頂ツアー」というものがあった。なに！　あんな山に登るのか。信じられない。そう考えたのは、ビジャリカ山が写真（図16）のような山だったからである。

どうだろうか。まさに孝標女のみた富士山そのものだ。昼は噴煙、夜は火映現象なんて、バリバリの活動中火山である。日本だったら間違いなく「噴火のおそれ」を理由に自治体が立入規制をするだろう。ビジャリカ火山はホテルから毎日見えていたが、なんと恐ろしい火山が近くにあるものだと思っていた。そんな火山の山頂に登るなんてどうかしている。というわけで、前の週にあの過酷なクレイジー・エクスカーションに出たにもかかわらず、まさか自分が登ろうなんて思っていなかったのである。ところが、会議も中頃になると日本人の火山学者仲間にもツアーを利用して登ってきたという者が現れ、私も地球の裏側まではるばるきて、登らないという選択はないような気がしてきた。というわけで、のこのことツアーデスクを訪れて参加予約をしてしまった。

お手軽な活火山登山

ビジャリカ火山の標高は2860mである。日本アルプスの山々と同じくらいの標高だ。また、日本は北半球で、ビジャリカ火山は南半球という違いはあるが、緯度は39度と同じくらいだ。しかし、南極海を起源とする寒流であるペルー海流が近くを流れているため気候は日本に比べるとかなり冷涼で、山頂付近は氷河に覆われている。日本で考える普通のハイキングほどお手軽ではない。そういうわけで、ツアーの出発前に簡単な講習があって、氷河なのでクレバスという深い割れ目があり、落ちると大変なのでガイドのあとをついて歩くよう念を押されたり、万が一の滑落に備えてピッケルを使ってな

図16　上：昼間のビジャリカ火山、下：ビジャリカ火山の夜景
（撮影・杉内由佳）

んとか止まる方法などを教えてもらう。一方、誰でも安全に登れるよう、貸してくれる装備は至れり尽くせりだ。ピッケルをふくめ、防水服や（氷河の表面はシャーベット状になっているので普通の服だとずぶ濡れになってしまう）、スノーブーツ、アイゼンなど雪山用品を一切合切貸してくれる（図17）。私はクレイジー・エクスカーションに出ていたので不要だったが、なんとリュックまで貸してくれる。トランクを持ち歩いている普通の観光客でも参加できるようにしているわけだ。ツアー会社の触れ込みは「持ち物はカメラだけ」というもので、昼食も登山開始前にランチパックを渡してくれるのである。ちなみに、当時はスマホという便利なものはこの世に存在しなかった。加えてデジタルカメラは普及しておらず記録はフィルム一択という世の中だった。今は「持ち物はスマホだけ」と謳《うた》っているかもしれない。

登山開始は標高1400mあたりにあるスキーリゾートなので、山頂までの標高差は実質1400mくらい、所要時間は4時間だ。ホテルで予約したツアーは火山学者がほとんどだったが、スキーリゾートについてみると、別の会社の同様なツアーの客が百名単位で集結していて、健康な普通の旅行者が参加しているのがわかった。実にお手軽な

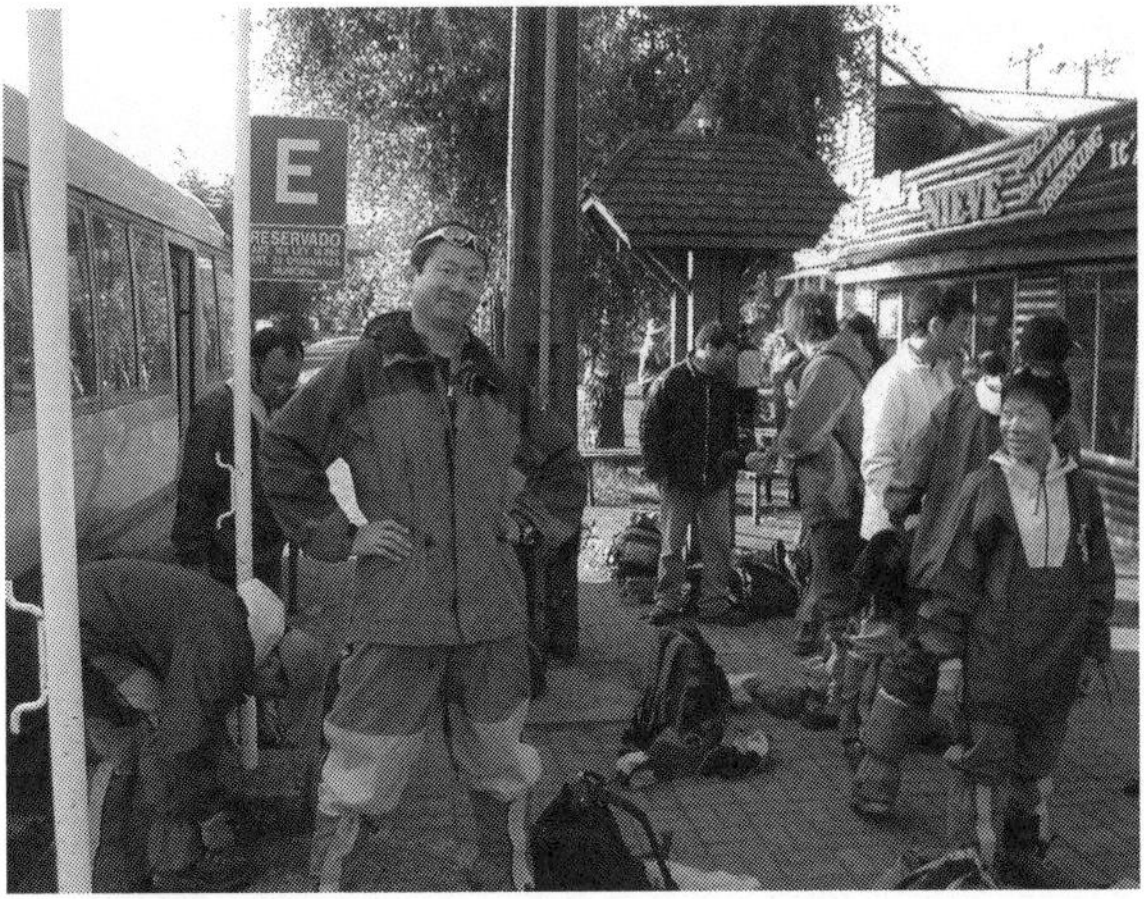

図17　出発前の私。ダボダボのズボンはツアー会社からの借り物。

活火山登山なのである。

山頂でひどい目に遭う

さて、ガイドさんのおかげでクレバスに落ちることもなく無事山頂に着いた。山頂には直径200mくらいの火口があるが、火口の周囲はわりと平坦なのでそこで昼食となるが、のんびり食っている場合ではない。火口を覗《のぞ》かなくては、と火口縁に立ってとったのが写真（図18）である。印刷では見えないかもしれないが、真ん中に溶岩湖と言って融けた溶岩で満たされたくぼみがあり、溶岩の中で気泡が弾けることで、溶岩の飛沫《ひまつ》が飛び散っている。実に素晴らしい光景だ。

火山学者なら、真っ赤に輝く融けた溶岩くらいしょっちゅうみていると思ったら大間違いで、私は5回も見ていない。全く見たことがない火山学者も掃いて捨てるほどいるのがこの業界だ。というわけで、ビジャリカ山頂からの眺めは明らかに素晴らしい体験であった。しかし、この素晴らしいというのが曲者《くせもの》だ。火山が放出するのはマグマだけではない。火山ガスもある。なんとなく噴煙が青いということは、登る前にプコンの町から見ていても思っていたのだが、山頂から見ると明確に青い。そこで気がつけよ、と思うのだが溶岩の赤に興奮してしまった私はその青い噴気に飲み込まれてしまったのだ。するとどうしたことか。ワサビを大量に吸い込んだような猛烈な刺激が鼻の奥を突き刺して、思い切り咳き込んでしまった。咳き込んでしまったのに今度は息が吸えない。

これは二酸化硫黄を吸い込んだときの典型的な反応だ。火山性のガスとしては箱根の大涌谷《おおわくだに》など、噴気地帯でよく臭うタマゴの腐ったニオイの硫化水素が有名だ。硫化水素も数百ｐｐｍを超えるような高濃度だと危険で、実際、火山ガス中毒事故のほとんどは硫化水素が原因だ。事故が多いのは、硫化水素が温泉場など人の集まりやすい場所で噴

図18　ビジャリカ火山の山頂火口の様子

出しているのも要因としてある。二酸化硫黄は事故件数こそ少ないものの、ごくわずか、数ppmで猛烈な刺激を感じ、喘息《ぜんそく》もちの人や、心臓が悪い人はこれだけで死ぬ場合がある。二酸化硫黄は日本では阿蘇山《あそさん》など、数百度の高温の火山ガスが出てくるところで認められ、死亡事故を起こしたこともある。

火口から放出された二酸化硫黄は、噴気の中に含まれる水と反応して硫酸を作る。こうして出来た硫酸は、ミストという細かい液滴として噴煙のなかに漂っている。太陽の光が硫酸ミストにあたると、青い光をはね返す。これを散乱というが、そういうわけで噴気が青いのは二酸化硫黄が大量に入っている可能性を意味する。そんなことは、火山学者たるもの誰もが知っているわけだが、自分が巻き込まれるまで事の重大性に気がつかなかったのは不覚であった。

さて、山頂で二酸化硫黄の噴気に巻き込まれた私はなんとか冷静さを取り戻し、息を止めて、タオルを取り出した。それに水筒の水をかけて濡れタオルを作って、口に当ててみた。これは二酸化硫黄のガスに巻き込まれたときの簡易的な対処法として、話には聞いていたことをやってみたまでだったのだが、驚くべきことに、濡れタオルを通して呼吸するとほとんど二酸化硫黄の刺激はなくなっていた。これは二酸化硫黄が水に溶けやすい性質があるためである。

ちなみに、二酸化硫黄を含んだ噴気は青い光を散乱するが、太陽↓噴気↓自分の目、というふうに噴気を通過した光は青い光を散乱したあとの光、つまり青色が少ない光になるため黄色がかった色になる。つまり、青い噴気も黄色い噴気も、これを見たら二酸化硫黄の存在を疑わなくてはいけない。

富士山に登った平安の人

さて、平安時代に戻ろう。竹取物語も更級日記も富士山を遠くから眺めての記述であったが、当時、富士山に登った人はいなかったのだろうか。この本を読んでいる富士山に登ったことのない人でも、毎年、何万人という普通の現代人が富士山に登って、ご来光を拝んだり御鉢巡りと言って火口を一周したりしている事実は知っているだろう。要するに、富士山は標高こそ高いが、はっきり言って大層な登山技術が必要な山ではないのだ（決しておすすめしないが、私はハイヒールで富士山に挑んでいる人をこの目で見たことがある）。だから平安時代の人でも、登ろうと思えば登れたはずだ。火映現象が見えていても、登りたい人は止められないというのはビジャリカ火山が証明している。平安時代の人で登山をした人の記録はないのだろうか。実は、それがある。しかもかなりリアルだ。

その記録を残した人は、都良香《みやこのよしか》という学者だ。生年は西暦834年、没年は879年だから竹取物語成立よりも古い時代を生きた人だ。この人は孝標のおじいさんのおじいさんである菅原道真が官吏登用試験を受けたときの面接官で、晴れて道真が官吏になった後は一緒に仕事をしたこともあるらしい。今の感覚では女性の名前みたいだが、男性である。良香はその名も富士山記という漢文で書かれた富士山の解説を著している。内容は、富士山が駿河国にあること、富士郡にあるから富士山という名前になったこと（竹取物語に比べると興ざめな命名由来である）、これより高い山は知られていないこと、地元の人がお祭りをしたら白衣の美女二人が富士山の上で踊っているのが見られたこと、富士山の神様が浅間《あさま》大神《だいじん》であること、などなどいろいろであるが、ここで吟味したいのは山頂の様子に関する記述である。

要点を抜粋すると、「頂上に平地がある。広さは一里ほどだ。頂上の中央はくぼみがあってその形は甑《こしき》という深底の土器のようである。甑状の窪地の底にはあやしい池がある。池の中にしゃがんだ虎のような形をした岩がある。また、甑状の窪地からは気が噴き出していて、その色は純青である。窪地の底からは湯が湧き上がっているようだ。遠くから見ると常にかまどの火を見るようだ。池の周りには竹がある」（頂上有平地。広一許里。其頂中央窪下。体如炊甑。甑底有神池。池中有大石。石体驚奇。宛如蹲虎。亦其甑中。常有気蒸出。其色純青。窺其甑底。如湯沸騰。其在遠望者。常見煙火。亦其頂上。匝池生竹）といったところである。ここで、グググッとくるのは、純青な気、すなわち、あざやかな青色のガスが出ているという記述である。これは要するに、私がビジャリカ山頂で巻き込まれた二酸化硫黄を含む噴気のことではないだろうか。私はこの記述を教えてもらったときに、本当にびっくりしてしまった。良香、すごすぎる。そしてこんなすごい文章を残してくれて、ありがとう！

ところで、良香が富士山に登ったかどうかははっきりしない。富士山記には、自分は登ったとも、登っていないとも書いていないからだ。しかし、記述がリアルだから良香が登ったのではないかという人もいる。ただ、私はその意見にはおいそれと賛同できない。たしかに、「純青な気」のところでは感じ入ってしまったし、虎岩ととれる記述もすごい。しかし、現在の虎岩は火口底に比べるとかなり上の方にある。良香の「窪地の底に池」と「池の中に虎の形をした岩」という記述を両方受け入れたら、今の虎岩の位置は不自然だ。それに、池の周りの竹というのはなんだろうか。二酸化硫黄は毒性が大変強いので、これを浴びると植物もあっさり枯れてしまう。よりによって二酸化硫黄が噴き出している火口底に竹が生えているとはちょっと考えにくい。だいたい、厳冬期には北極並みの気温になることもある富士山頂で、竹なんか生えるのだろうか。もっと重要なことに、良香は平安京に住んでいた。孝標一家は上総から平安京まで3か月をかけて旅したが、往復や現地での滞在時間を考えると、富士山へ登りに行く良香は少なくとも半年程度、都を離れないといけなかったはずだ。そんな時間は彼にあったのだろうか。

というわけで、良香が登ったかどうかはやはりわからない。私は登っていないように思う。しかし、今の視点から見てもある程度信頼できる記述と言え、富士山の山頂火口にはかつて池があり、そのそばから二酸化硫黄が出て、遠くからは火映現象が見えていたというのは確かなように思える。おそらく、良香が登っていなくても、それなりの学識を持った、例えば僧侶や、地方勤務の貴族が登って、比較的客観的な知見を都にもたらしたことはあったのだろう。そして、都良香はさまざまな伝聞情報の取捨選択に優れた学者だったのではないかと私は勝手に想像している。

富士山の火山ガス事故

火山ガス中の二酸化硫黄が原因の中毒死亡事故は現代でも発生しているが、富士山でも似たような死亡事故があったらしい。それを伝えているのはだいぶ時代が下るが、1

608（慶長13年）年7月下旬に奈良にある興福寺の僧が富士山に登ったときの記録である『寺辺明鏡集』[3]という書物だ。僧は静岡側にかつてあった村山口から山頂を目指して登る最中、標高2300m付近にある「スナバライ」[4]というところで、数人の死人を見て肝を潰している。坊さんが死体を見たくらいで肝を潰してどうするんだよと思うが、驚いて記述してくれたおかげで、我々は当時の記録を知ることができる。おそらく、自らがこれから登ろうとしている山は、死人が出るような山だと、図らずも死体に知らされたことで、激しい衝撃を受けたのだろう。

死人がどうして、火山ガスの被害者と推定されるかというと、肝を潰す前の文に、「□気ツマリ死スルモノ数人」とあるからである。□は判読不能文字のことで、この存在が惜しまれるが、富士山の歴史時代の活動を研究してきた都司嘉宣《つじよしのぶ》さんは、山頂付近で火山ガスに当たって、スナバライまで降りてきたところで命尽きたのだろうと推定している。当時は火山ガスという便利な言葉はなかったし、都良香も純青の気と書いているように、気をガスの意味としてもちいているように見える。今のスナバライは森林の中だが、昔は森林限界の線上にあり、砂まみれでおりてきた人が砂を払って気分を改めたから、スナバライなのだろうが、やっとここまで到達したのに死んでしまったとはお気の毒である。

これはお医者さんから聞いた話しだが、二酸化硫黄を吸ってもすぐに亡くなるとは限らないらしい。吸ったのを契機に喘息などが悪化して、時間を経てから死ぬ可能性もあるそうだ。僧が驚いた死体の死因が火山ガスでない可能性も残るが、そのようなわけで、私は都司さんの解釈に同意したい。ちなみに、喘息患者は、全人口の3～4％くらいあると言われていて、喘息と診断されたことがない潜在的な喘息患者がかなりいることがわかっている。自分は喘息患者じゃないから、二酸化硫黄を吸っても大丈夫だと考えるのは浅はかだ。噴気地帯に行くときは、風向きに注意して行動すること、ビジャリカ火山のような過激な火山に登るときは、適切なガスマスクを購入して携帯するに越したことはない。濡れタオルは本当に緊急事態の知恵と思っておいた方がいい。

その後の富士山、これからの富士山

富士山は1707年に宝永噴火という大規模な噴火を起こすが、それ以降は山頂火口からの噴気や火映現象が見られなくなった。しかし、火口の縁や山腹では弱い噴気があったことが記録されている。一番名高いのは火口の南東にあたる荒巻という地域の噴気で、大正時代にはその噴気でたまごを茹《ゆ》でて売っていたという。たまごが茹でられるとはそれなりの温度だったのだろう。昭和に入ってもこの一帯は地熱が高く、昭和38年頃までは暖かさが感じられたらしい。

今は富士山における熱活動は全く知られていないが、これまで見てきたように歴史時代には富士山が非常に活発だった時期があるのは明らかだ。最近300年間は確かに静かで、火山活動と言えば、せいぜいたまごが茹でられる程度の噴気が見られた程度だが、今後もずっと何もないことは少し考えにくい。それでは次の噴火はいつ起きるのだろうか。そしてその噴火はどのようなものになるのだろうか。こうした疑問について次章以降で考えて行くことにしよう。

第四章　富士山の次の噴火はいつ起きるのか

平安時代には活発に活動していた富士山が最近はすっかり活動を止めてしまい、最後の噴火から300年以上が経過してしまった。だからマグマはたまりにたまっていて、次の噴火でドバッと出るのではないか、というのは誰でも思いつきそうな話だ。そう考えると、いまどれくらいたまっているのだろうかというのはとても気になる。こんなことを考え出すと、噴火が明日にでも起きるような気さえして、不安になる人もいるだろう。実際、某大学の先生が、「富士山のマグマだまりはパンパンで、いつ噴火してもおかしくないスタンバイ状態」なんてネットニュースの取材に答えていたのを私も読んだことがある。

しかし、あらかじめ断っておくが、現代の火山学が利用可能な観測手段では、マグマだまりがパンパンかどうかなんか、わかりっこないのである。せいぜいマグマだまりの場所が地震のくわしい解析などでおぼろげながらわかる程度で、マグマがどれくらいたまっているかなんかは皆目見当がついていないのだ。そういう状況で標準的な火山学者はどうやって次の噴火がいつ発生すると考えるのか？　本章はその考え方を紹介していくことにする。

膀胱とマグマだまり

さて、「マグマだまりパンパン」の記事を教えてくれたのはこの本の編集者の鶴見さんだが、彼女の「パンパンで噴火スタンバイ状態なんですってね！」という無邪気な驚きを伝えるメールを見て私は思わず笑ってしまった。パンパンでスタンバイ状態って、まるでオシッコがたまった膀胱《ぼうこう》みたいじゃないか！　膀胱なら私は身につまされる理由がある。

私は年に1回くらい、マラソンのレースに出るが、私くらいの走力だとゴールまでに4時間以上もかかるので（市民ランナーの標準的なタイムだ）、レース中に尿意を催したらどうしようかというのは、とても悩ましい問題だ。4時間くらいトイレに行かなくても何とかなると思うのはマラソンをしない人の考えることだ。走っている最中に水を補給しないと、脱水症状になってゴールは無理だ。だから水は飲まないといけない。ところが、走っていると振動があるためか膀胱が刺激される。寒い日のレースだとなおさらだ。それに前夜祭で弾けてしまってたっぷり飲んでいたりする。最後のひとつは自業自得という気がするが、いずれにしてもそういう複合的な要因で、マラソン中の尿意は大きい問題なのだ。そのようなランナーは私だけでない。むしろ市民ランナーでは多数派だ。だから、レース前に思う存分放出しておこうとスタート付近のトイレは長蛇の列となる。日本中によくこんなたくさんあるものだと感心するくらいの数の仮設トイレが用意されるにもかかわらず、である。マラソンの高額な参加料は仮設トイレのレンタル料ではないだろうかと思うくらいだ。外でトイレに行くのが好きでない私は、前の晩から本当に気が滅入る。「パンパン」に反応した彼女のメールに笑ってしまったのは、富士山という気高いイメージと、トイレの前にできる長蛇の列が全然繋がらなかったからだ。ギャップというのは大体笑える。

しかし、よく考えてみるとギャップは案外少ないのかもしれない。火山噴火では少しずつ形成されるマグマがマグマだまりにたまっていずれ噴火の形で一気に放出されるが、オシッコも腎臓が少しずつ作って膀胱にたまってトイレで一度に放出される。少しずつ作って、貯めて、ドバッと放出するという機構は共通だ。だから、パンパンというフレーズは身につまされて、「いつドバッと噴火してもおかしくないような気がする」と我が身に置き換えて考えられる訳だ。某先生もなかなか秀逸な言葉選びをしたと言える。しかし、絶妙な言葉でイメージが出来て、何となく理解した気になるのは危険だ。少しずつ作って、貯めて、ドバッと放出する機構は、マグマだまりと噴火の関係を探る上で重要そうだということは分かるが、オシッコと一緒だと安易に納得してその先の考えを止めてしまうのは、いかがなものかという気はする。

ししおどしとマグマシステム

おトイレと火山の思わぬ共通点については気がついたが、ハイブローな出版物の多い筑摩書房の本でこのまま尾籠《びろう》な話を続けるのはさすがにまずいような気がする。それに、読者の皆さんも、たぶんご自身の腎臓や膀胱を持っているはずだが、それらが機能している状態を自分の目で見たことがある人はまずいないだろう。ゆえに、尾籠な話を続け

図19　ししおどし

ても深い洞察は得られない、と思う。というわけで、少しずつ作って、貯めて、ドバッと放出という特徴を持っていて、かつその機構をよく観察できるものを選んで、これと火山の比較をすることとしたい。ここで出てくるのが「ししおどし」である。

実家の近くに昔、おいしいおそば屋さんがあって両親に連れて行ってもらうのが私は好きだったが、そのおそば屋さんには「ししおどし」があった。ししおどしは、竹筒がシーソーのようになっている装置だ（図19）。このシーソーは片方が地面に置かれた石についていて、もう片方の口からは水が少しずつチョロチョロと入って来る。水がたくさんたまってバランスが崩れるとシーソーが傾いて中に溜まった水が全部放出される。放出されるとシーソーは勢いよく元に戻るが、この時に竹筒が石に当たって「コン！」といういい音がする。ししおどしはどんな庭でも日本風になってしまうような神アイテムで、マンション住まいの私としては、庭付きの家に引っ越したらぜひ欲しい。ちなみに、ししおどしは「鹿威《ししおど》し」のことで、「コン！」という音で動物が驚いて寄ってこなくなることがししおどしの本来の設置目的だが、鹿もこんなのでびっくりするほど馬鹿じゃない気がする。

それはさておき、ししおどしは、なんのモーターもセンサーもなく、チョロチョロと少しずつ供給される水を、ためて、ドバッと放出することができる。これは、電子機器全盛の今の世の中から見ると驚異的にも見えるが、なぜそれが可能かというと、ある程度たまると不安定になって、一気に放出するというしくみが組み込まれているからである。そのしくみとは、流れ込む水のせいで、水位が上がり、シーソーの支点より上にある水の量が多くなってバランスが崩れることにある。

地下深部でマグマができて、マグマだまりに供給・蓄積されて、最終的に噴火にいたるという一連のしくみのことを、マグマに関係するシステムということで、マグマシステムと火山学者は呼んでいる。マグマシステムがししおどしと似たしくみであれば、たまるマグマのせいでマグマだまりに何らかの限界が訪れて不安定となり、噴火になるというシナリオが考えられる。

ししおどしの動きを予測する

ししおどしがいつ動いてコンとなるか、どうすれば予測できるだろうか。ししおどしに入って来る水の量、正確にいうと単位時間あたりの水供給量、これを水供給率と呼ぶが、これが一定だとすると予測は簡単である。たとえばおそば屋さんのししおどしは、ポンプで組み上げた水で動いていたが、ポンプの水供給率はおそらく一定と考えて良い。この場合、当たり前だがコンと鳴ってから次に鳴るまでの時間は一定である。その理由は説明するまでもないような気もするが、一応説明しておくと、ししおどしの水がカラになって（この時コンという音が鳴る）から、ししおどしが不安定になる水位まで水がたまるまでにかかる時間が一定だからだ。ししおどしと同様、マグマだまりへのマグマ供給率が一定で、なおかつ、マグマだまりが不安定になる条件も一定なマグマシステムであれば、噴火も一定間隔で発生するに違いない。しかし、そんな上手《うま》い話はない。ししおどし並みに正確な間隔で噴火が発生している火山があるとは聞いたことがない。第一、そんな火山ばっかりだったら、世の中に火山学者はほとんど必要ない。火山がししおどしより複雑なことは明らかだ。そこでもうすこし、複雑なししおどしを考えてみよう。

少し複雑なししおどし

少し複雑なししおどしとして、雨水で駆動するししおどしを考えてみよう。そんなししおどしは私だって見たことがないが、科学の世界では想像力が重要だ。この場合、ししおどしへの水供給率は変動する。雨が降っていればしょっちゅうコンコン鳴っているかもしれないが、雨がやめば鳴るのも止めるだろう。また、雨が降っていても、一定の強さで降り続けることはまずない。鳴る時刻を予測するにはどうすれば良いか。私ならししおどしに水位センサーを入れて水位をモニタリングできるようにするとおもう。火山の業界でモニタリングとは常時監視をする、という意味である。不安定になる水位がわかっていて、かつ、現在の水位がモニタリングできれば少なくともコンと鳴る直前かどうかは分かるだろうし、水位の変化を見ていれば、雨脚が突然変化するようなことが

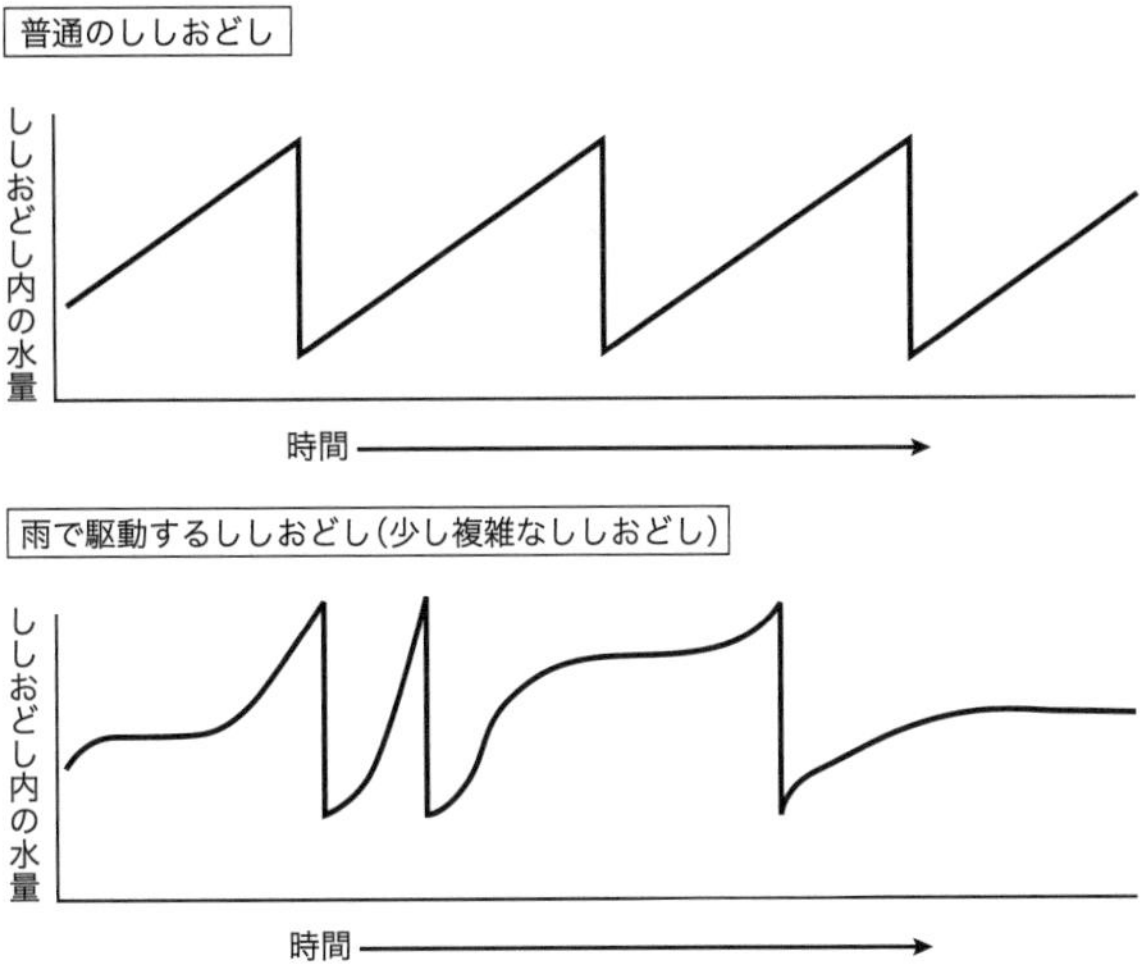

図20　ししおどしの中の水量の時間変化。上はおそば屋さんにあった普通のししおどし。水の供給率は一定で、コンと鳴る周期も一定である。下は雨で駆動するししおどし。雨は降り方が時間の経過とともに変化するので、ししおどしがコンと鳴ってから次に鳴るまでにかかる時間も変動する。

なければ、割と前からコンと鳴る時刻の予測がつくようになるだろう。このとき、水位の変化のグラフを見ると、図20のようになるはずだ。完全な予測には至らないかもしれないが、水位をモニタリングすることで、少し複雑なししおどしも鳴る時刻がある程度予測できそうなのは、グラフから分かるはずだ。

複雑なししおどしかもしれない桜島

マグマシステムがこのような少し複雑なししおどしと似ているとすれば、マグマだまりのなかのマグマの量をモニタリングすることで噴火時期の予想がある程度、できるはずだ。このような楽観的な期待を抱かせる例は、国内にひとつだけある。それは桜島だ。桜島の火口に繋がるマグマだまりにどれくらいのマグマがたまっているのかは分からない。多分たまっているのは確かだが、現在の技術ではたまっている量を正確に把握するのは不可能だ。しかし、桜島の近くで観測される地殻変動は、マグマだまりのマグマの量を反映していると考えている火山学者が多い。図21がその期待に満ちたグラフだ。[1]

桜島の近くでは1891年に最初の水準測量が行われた。水準測量とは、地球表面の

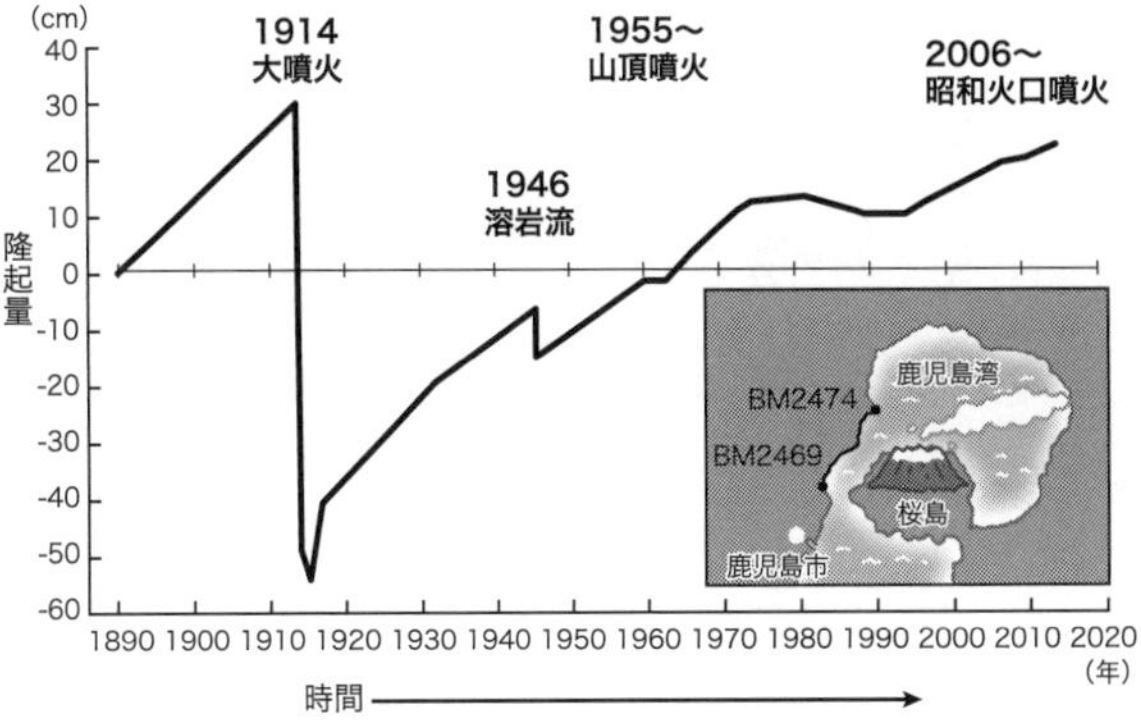

図21　桜島の近くで観測されている地殻変動。横軸は測量した年。縦軸は桜島近傍の観測点BM2474の上下変動を表している。最初に測量された1891年の地盤高をゼロとして、そこからの変化を見ている。ちなみに、地盤高は地球上どこでも多かれ少なかれ変動しているので、絶対的な地盤高を計算するのは難しい。厳密に言うとこの図は、BM2469という地点を不動と仮定したとき、そこからBM2474がどのように上下変動をしているかを表現している。

点の高さを正確に求める作業のことだ。読者の皆さんも道路際や建設現場で長い棒を持った人と、望遠鏡みたいな機械を覗《のぞ》いている人からなるチームを見たことがあると思う。あれが水準測量の現場で、働いているのは測量士の人たちだ。話を戻すと、1891年の測量後、1914年に桜島で約2㎦のマグマを噴出する大正噴火という大噴火があった。この大噴火の直後に測量を実施したところ、BM2474という地点が、1891年の測量時より50cm以上沈降していたことが分かった。沈降というのは地盤が低くなることをいう。これはマグマが噴出したことで、マグマだまりの中のマグマが減ったためと考えられる。その後は時間とともに少しずつ地盤が隆起している。隆起は沈降の逆で地盤が高くなることをいう。これはマグマだまりに地下深部からマグマが少しずつ供給されているため、マグマだまりにマグマが溜まってきていることを反映していると考えられている。大正噴火の直前の地盤高は測量されていないので分からない。しかし、噴火後に隆起をしていることから、１８９１年の測量から噴火直前までの期間も隆起があったはずだ。現在の隆起のペースから考えて、噴火の直前には１８９１年より30㎝くらいは隆起していただろう。そして最近の測量結果を見ると、大噴火直前の状態になりつつあるということが分かる、というのが図21から読み取れることだ。大噴火前の正確な地盤高がよくわからないので何とも言えないが、すでに大噴火前の地盤高に達しているか、あと20〜30年くらいで確実に達しそうに見える。

図21は、先ほど頭の中で考えた「少し複雑なししおどし」の中にたまった水の量のグラフとそっくりだと思わないだろうか？　ちなみに、ＢＭ２４７４地点の地盤高は、おそば屋さんのししおどしのグラフのように単調に高くなるのではなく、高くなるペース

図22　桜島

が落ちたり、わずかながら沈降していることもあることがわかる。これはマグマだまりへのマグマの供給率が変動しているというより、大正噴火よりもはるかに小さいものの、桜島が時々噴火しているため、その分マグマだまりからマグマが出て行ったためだと考えられている。ただ、いずれにしてもこのグラフは１９１４年の大噴火以降、マグマがおおむね順調に蓄積をしていることを示唆する。マグマが蓄積しているなんて何と恐ろしい！　そんなふうに考え出すと、大噴火前の地盤高に達したら、マグマだまりに何らかの限界が生じて、大正噴火並みの噴火が起きてもおかしくないように思える。実際、私は大噴火が近い可能性は充分あると考えているし、多くの火山学者が桜島のごく近い将来について警鐘を鳴らしているのは事実だ。

ちなみに、富士山では水準測量が行われるようになってから噴火が発生していないので、噴火前後でどの程度、地盤が上下するかという知見がない。また、富士山の周囲でマグマだまりへのマグマ供給が原因と考えられるような隆起は報告されていない。一方、GNSS（カーナビの超高精度版で地点の座標を測定する機械）の観測によると富士山の周りにある観測点間の距離は少しずつ大きくなっている[2]。富士山の周辺は地質学的に複雑でその理由はよく分からない。富士山のマグマだまりが膨張しているせいかもしれない。ただ、そうだとしても、噴火にどれくらい近いかということまでは分からない。

モデルと現実

マグマだまりにマグマがどのようにたまっているかなんか、地下のことで想像がつかないような気もするが、このように火山の近傍を長期間にわたり測量することと、その測量結果を「少し複雑なししおどし」になぞらえることで、それなりに説明がついてしまい、将来の噴火の見通しが何となくついてしまうことがある。

我々は、地下でどういうことが起きているかを完璧に知ることはおそらく永遠に出来ない。地下10㎞とか20㎞のところにあるマグマだまりを直接見るなんて、多分永遠に出来ないからだ。だから火山で起きている現実はよくわからない。しかし、何かになぞらえることで、正しいかどうかはべつにして取りあえず説明ができてしまうことがある。このなぞらえているもの、ここでいうと「少し複雑なししおどし」のような「たとえ」のことを、火山学者はモデルと呼んでいる。火山学者の仕事とは、火山を観測し、それをなるべく上手に説明するモデルを組み立てること、そしてそのモデルをつかって将来を予測したり、ほかの観測を説明することである。火山学者の多くは、一生懸命観測をして真実を明らかにしよう、というより、どちらかというとモデルを作って火山現象を説明しよう、そして一生懸命行った観測の結果をそのモデルが上手く説明できれば、モデルで考えているようなことが実際の火山で起きているはずだ、という研究スタイルをとっているのだ。

モデルづくりが研究なんて、そんなことでいいのか、と皆さんは思うかもしれない。

科学者たるもの、真実はひとつ、そう信じて研究しているのではないかと考える一般市民の方は多いだろう。しかし、真実はひとつという信念を持っているのは名探偵コナンであって科学者ではない。たしかに、違和感を覚える人がいるかもしれないが、モデルづくりは極めて人間的な営みで、我々は科学者でなくても普段からモデルを作って生活している。

たとえば、山田さんというひとと付き合うことを考えてみよう（全国の山田さんすみません）。おつきあいが長くなると、山田さんに関する知見が蓄積されていく。たとえば、たい焼き、ようかん、もなかなどは喜んで食べているのを見たことがある、といった知見だ。しかし、先例にないことをする場合、たとえばお汁粉を一緒に食べよう、みたいな提案をする際、事前に反応を知ることは難しい。この場合、これまでの知見に基づいて、頭の中で「山田さんモデル」を作って、どういう反応が返ってくるか、一生懸命考えるのではないだろうか。例えば「あんこ好きな山田さんモデル」みたいなものだ。というか、「山田さんモデル」はこういうときに新たに作り出すのではなく、普段のやりとりから自動的に作り出されているものなのではないだろうか。これは「山田さんって、こういう人だから」というのに相当する。しかし、モデルは万能ではない。お汁粉は、自分的にはあんこと似たようなものだから喜ぶと思っていたら、液体の甘いものはイヤだ、とか、液体につぶつぶが入っているのは気持ち悪い、甘いのに温かいのは許せない、などという新たな山田さんが発見されることはあり得る。

モデルが将来予測に失敗したり、他の観測と矛盾することはよくある。というか、完全なモデルというのは、直感的に分かることだがたぶんあり得ない。火山学者がやっていることは、モデルを作ること、なるべく観測を説明するモデルになるよう、すでに提案されているモデルにさまざまな改造を加える、それでも間に合わない場合は全く別のモデルを組み立てるなどの作業を通じて、より現実の火山を説明していくことと言ってよい。観測の実施とモデルの提案、そしてモデルの検証。その永遠の繰り返しが火山学者のルーチンと言える。

少し複雑なししおどしモデルで、ＢＭ２４７４地点の変動は説明が可能で、このモデルが正しいとすれば、今後20〜30年以内に、大正噴火並みの大噴火が起きるといえる。大正噴火は富士山で１７０７年に発生した宝永噴火と似た深刻な噴火で、実際に発生したらかなりの被害が予想される（詳しくは第六章で考える）。だから、このモデルが示す予測は深刻に受け止めるべきだと私は思う。ただ、このモデルが正しくない場合というのもあり得る。なぜなら別のモデルでもＢＭ２４７４地点の変動は説明がつくからだ。

モデルを疑う

前の節では、大正噴火の直前の状態が、桜島のマグマだまりに貯められるマグマの最大量で、これを超えると理由は分からないがマグマだまりが不安定になって、噴火することを仮定している。しかし、そんなことを誰が決めたのだろうか。複雑なししおどしモデルは一見、ＢＭ２４７４地点の変動を美しく説明できるように見えるが、一見美しく見えるものほど落とし穴に注意が必要だ。

改めて地図をよく見ると、ＢＭ２４７４地点は桜島のすごく近くにあるとはいえない。実際、これまでにさまざまな火山学者がさまざまな検討を行った結果、ＢＭ２４７４地点の沈降や隆起を引き起こしている原因は桜島にはなく、桜島の北、鹿児島湾奥の中央部、地下10㎞くらいの収縮や膨張が原因であるという結果が得られている。実は桜島の

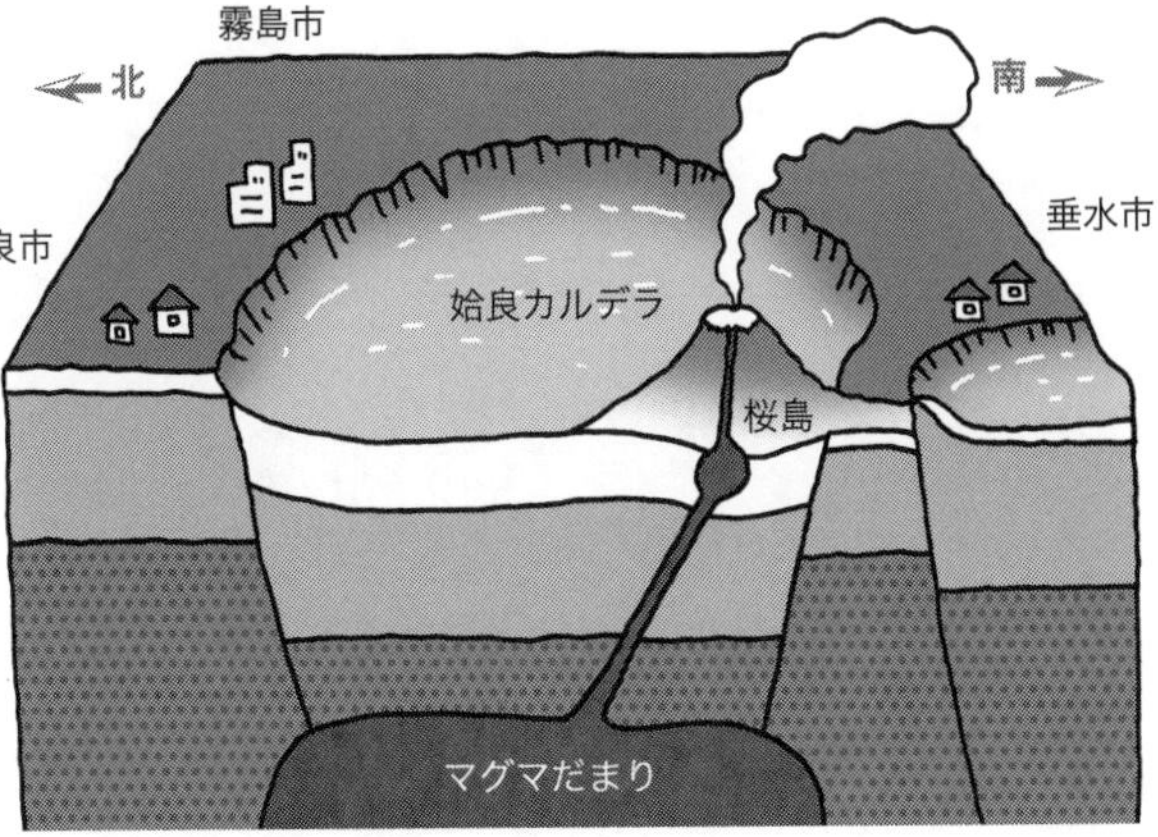

図23　姶良カルデラと桜島の関係。桜島は姶良カルデラのマグマだまりからマグマの供給を受けている。

北側の鹿児島湾は、今から3万年前に噴出量100㎦を超える超巨大噴火を起こした姶良《あいら》カルデラという巨大火山なのである。ちなみにカルデラとは大規模な噴火で形成された陥没地形のことだ。カルデラ湖はカルデラにたまった湖で、十和田湖や摩周湖は代表例だ。姶良カルデラは海と接続したので、湾になってしまった。しかし、もうすこし内陸に出来ていたら巨大カルデラ湖になっていたかもしれない[3]。それはさておき、桜島は巨大火山である姶良カルデラのそばに発達した子供みたいな存在と考えられている。その関係を示したのが図23だ。

BM2474地点の隆起は、姶良カルデラ

にたまりつつあるマグマを見ているのであって、桜島の直下にある桜島のマグマだまりの変化を見ているわけではないというわけだ。こう考えてみると、姶良カルデラは将来の超巨大噴火に備えて着々とマグマをためている状態で、大正噴火のときに観察された沈降は、べつにマグマだまりの限界とは関係なく、何らかの理由でマグマが、桜島に移動しただけなのかもしれない。この説を採用すると、BM2474地点の動きは図24下のb図のようなものになると考えられる。

このモデルだと、桜島の大噴火が現在差し迫っているとは必ずしも言えない。我々にとっては、ひとまず安心と言えるかもしれない。ただ、これはみんなが嬉しいグッドニュースというわけではない。いずれにしても将来、桜島が大噴火を起こすのは間違いない。しかもそのタイミングは予測不能だ。噴火のタイミングを説明するモデルがないから予測の立てようがないからだ。それに、さらにもっと先の将来、何百年後か何千年後かに姶良カルデラが超巨大噴火を起こして、九州地方は即座に全滅、その他の日本も壊滅的な打撃を受けることを意味しているかもしれないからだ。

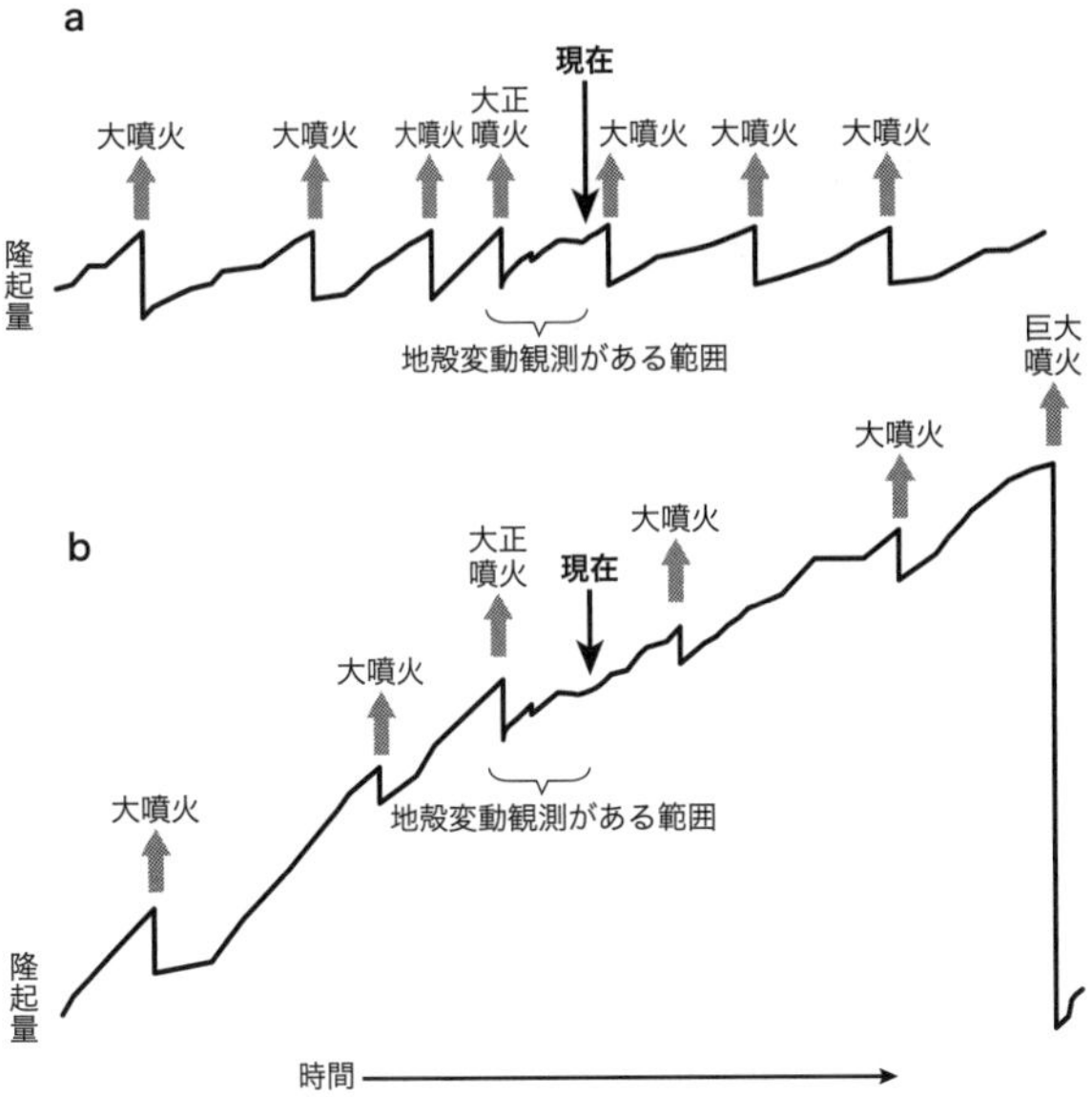

図24　少し複雑なししおどしモデルによるBM2474地点の地盤高変化(a)と、姶良カルデラのマグマだまりがマグマをため続けられる場合のBM2474地点の地盤高変化(b)。少し複雑なししおどしモデルだと、地盤高がある程度の高さに達すると大噴火が発生して沈降する。つまりこのモデルを信じると、現在は大噴火の直前である。マグマだまりにマグマがため続けられるモデルでは、たまに大噴火がおきるが、それで隆起分が完全に戻るわけではないし、隆起量から噴火を予測することは出来ない。だから現在が大噴火の直前とはいえない。どちらのモデルが正しいかは、地殻変動だけでは観測期間が短すぎて判断できない。

火山地質学の登場

先ほど見た測量は、測地学と言って、地球を物理や数学の目で記述する地球物理学の一分野だ。火山と関係する地球物理学の分野としてはこのほか、地震学や地球電磁気学などがあるが、これらの分野は火山の変化を定量的、すなわち何センチとか何トンとか、何らかの数字で表して、その変化を追跡できるところが優れている。ところが、欠点もある。それは観測記録が、長くてもせいぜい100〜200年くらいしかないことだ。桜島でも1891年より前の地盤高はまったく分からない。分からないから、桜島の噴火が「少し複雑なししおどしモデル」で説明可能なのか、確固たる判断ができないのだ。

地質学は、地球物理学と異なって、昔のことを解明するのが大得意である。ただ、地盤高の変化の歴史を、測量と同じ精度でさかのぼれるというわけではない。たしかに、大昔の地盤高を地質学から求めることも場合によっては可能だ。中学校で海岸段丘というものを習ったと思うが、海岸段丘の平らな面は、昔の海面と考えてよい。だから、この平らな面の年代と高さから、その時代から現在までどのくらいの隆起があったのかがわかる（氷河が増えたり減ったりすることなどで生じる世界的な海面変化がないと仮定した場合の話だが）。しかし、海岸段丘は陸に対する海面の高さが、数百年とか数千年の間、安定していないと作れない。海岸段丘の平らな面を作るには海の波が岩石を削らなくてはならず、その時間が必要だからだ。そのため、BM2474地点のようにダラダラと隆起を続けているような場所では、海岸段丘が出来ない。したがって地質学から地盤高の変化を知ることは無理なのである。

一方、地質学の一分野である火山地質学では、今から何年前に、どれくらいの規模の噴火があったかは分かる。日本の火山地質学者コミュニティーのかなりの部分は、火山噴火の「いつ」と「どのくらい」をひたすら調査して報告している人たちで占められる。なぜたくさんの人たちがそんな研究をしているのか。それは、噴火の「いつ」と「どのくらい」の2つが過去にさかのぼってわかるようになると、場合によっては将来の噴火について予想が立てられるようになるのだ。

ししおどしの階段ダイアグラム

噴火がいつ発生して、その噴火がどのくらいの量のマグマを噴出したのかを遠い過去にさかのぼって明らかにしたものを、噴火史という。おそば屋さんの簡単なししおどしも、コンと鳴る直前に発生するドバッと水を放出する現象が噴火と同じと考えると、観察によって噴火史を明らかにすることができる。おそば屋さんのししおどしの噴火史はどのようなものになるだろうか。これは実験するまでもなく、頭の中で考えられる。つまり、非常に定期的に、同じ量の水が噴火するという具合になる。そしてその噴火史を、時刻を横軸、積算の噴出量を縦軸にすると図25aのように表現できる。図25aは、階段のように見えるので、その名も階段ダイアグラムと火山の業界では呼ばれている(4)。建築の分野では、階段の一段の高さを蹴上《けあげ》、一段の幅を踏面《ふみづら》というらしいが、この階段ダイアグラムで蹴上、踏面は一定で、家にあっておかしくない、ちゃんとした階段のように見える。ちなみに、蹴上の高さは噴出量、踏面の幅は噴火と噴火の間の時間、つまり噴火間隔に対応する。要するに、噴出量一定、噴火間隔一定というのが、おそば屋さんのししおどしが作る階段ダイアグラムというわけだ。しかし、現実の火山で、おそば屋さんのししおどしと同様のものは多分ない、ということは前に結論した。もうすこし複雑なししおどしを改めて考えよう。

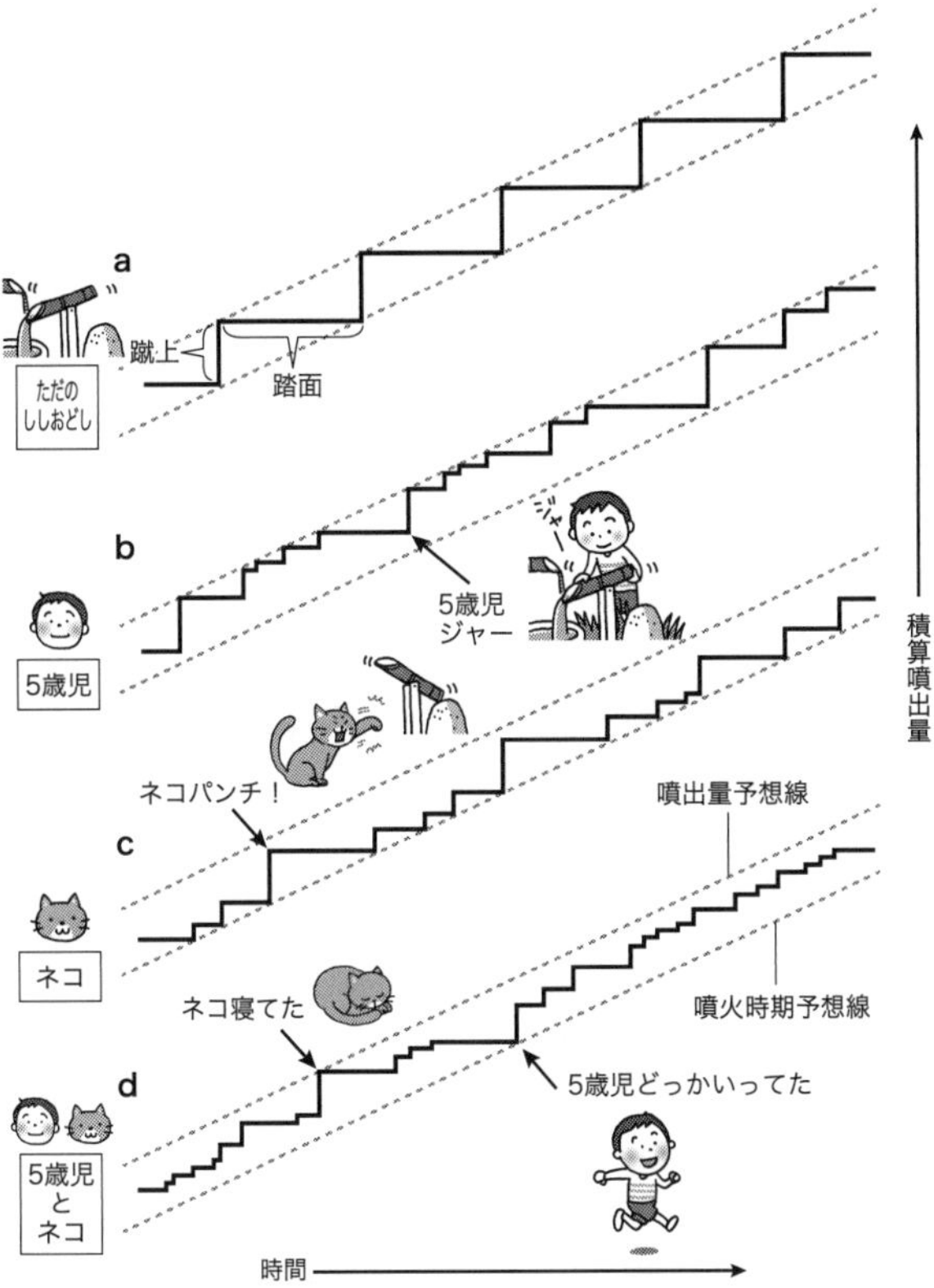

図25　ししおどしの階段ダイアグラム。横軸は時間、縦軸はその時間までに噴出した量をすべて足しあげた積算の噴出量を示している。

ボリュームプレディクタブルモデル

ここでは、ししおどしへの水供給率は一定とする。ただし、ドバッと水を放出する仕事をししおどしに任せるのではなく、5歳くらいの、そこそこ聞き分けが良いが長く続かない子供に委ねる。この時、階段ダイアグラムは図25bのようになるはずだ。この階段ダイアグラムは、5歳児の気まぐれを反映して、蹴上、踏面とも各段で不規則に変化するが、ひとつ面白い特徴がある。それは、各段の左上の角がひとつの直線上に並ぶことだ。そして、この線の傾きは、ししおどしへの水供給率と等しくなる。傾きというのはグラフ上の直線について、縦方向の増加量÷横方向の増加量のことを意味する。このばあい、積算の噴出量÷時間になるが、これはこのししおどしの長期的な水噴出率といえる。ししおどしの場合はポンプから入ってくる水と、出ていく水が長い時間で見ると等しいので、傾きは、ポンプの水供給率とも等しくなる。

各段の左上の角がひとつの直線上にならぶというのは重要なことだ。なぜなら、噴火時刻が決まれば（決めるのは5歳児だ）、噴出量も決まっていることを示しているからだ。

5歳児のししおどしは、任意の時刻で噴火した場合の噴出量が予測できる。このようなモデルのことを火山業界では、ボリュームプレディクタブルモデルという。ボリューム（volume）とは噴出体積、プレディクタブル（predictable）とは予想可能を意味する。噴出体積予想可能モデルと言ってもよいだろう。

タイムプレディクタブルモデル

今度は5歳児でなく、ネコを教育してみよう。今回も水供給率は一定とする。ネコには、ししおどしが傾いてドバッと放出するときにネコパンチをしてもらって、なるべく早く水放出を止める。つまり、ししおどしは自然に放出をはじめるが、ネコに放出を途中でとめてもらい、ししおどしに水が残った状態でまた水を入れはじめるというわけだ。この場合、ネコのやることだから、ししおどしに残る水の量は毎回ことなる（人間がやってもそうだろうが）。この場合の階段ダイアグラムは図25cのようになるはずだ。

この図では階段の右下隅がひとつの直線上にならび、長期的な噴出率、あるいはししおどしへの水供給率を示す。このモデルで興味深いのは、放出量が大きいと、次の放出までの時間間隔が長くなる、逆に放出量が小さいと時間間隔が短くなる、という関係が認められることだ。つまり、ある回の放出量が決まれば、次の放出までの時間間隔が予測できるというわけだ。時間が予測可能なので、このモデルをタイムプレディクタブルモデルという。

ランダムなししおどし

最後に、あまり想像したくないが、ネコと5歳児の両方がスタンバイしているししおどしを考えてみよう。この時、階段ダイアグラムは図25dのようになるはずだ。つまり、放出する時刻も、放出量も予想できない。放出する時刻は5歳児が予測を妨げるし、放出量はネコが予測を妨げるからだ。したがって何の予測も出来ない、と言い切りたくもなってしまうが、それでも何らかの情報を得ることができる。たとえば、ポンプの水供給率だ。これは正確な値は分からない。しかし、観測時間が長くなればなるほど正確な値が予測できるようになる。図25dで点線は長期的な放出率を示すが、階段ダイアグラムはおおむねこれと平行である。階段ダイアグラムの一部をとると平行とはかなり異なる部分も出てくるが、長期間を全体的に見ると大体平行と言って良いだろう。だから、階段ダイアグラムの大体の傾きは、ポンプの水供給率と同じだと言える。

また、ネコか5歳児のいずれかが仕事をさぼっているときは、ししおどしの本来の性質が発揮される。すなわちネコがサボっていると、ししおどしが動いたときに中の水は完全にカラになる。一方、5歳児がサボっているときは、ししおどしが自然に動き出す。この時、前者であれば左上の点線に、後者であれば右下の点線に触れるが、この2つの線は、ネコも5歳児もいないときの階段ダイアグラムの左上角と右下角を結んだ線と同じものである。つまり、ランダムなししおどしでは、次の噴火の正確な時期も、噴出量も予測できないが、ある時点で発生する最大の噴火と、次の噴火にいたる最長の時間は予測できる。だから、左上の点線を噴出量予想線、右下の点線を噴火時期予想線と名前を付けておこう。

ただ、問題もあることは覚えておこう。噴出量予想線と、噴火時期予想線が引けるのは、ネコと5歳児がサボっていた時がわかっていて、かつ平均的な供給率がわかっている場合である。火山にあてはめた場合、ネコも5歳児も実態として存在しないし、それに類似した仕組みがあったとして、たまたまサボっていたかを判別できない。また、平均的な供給率も完全には分からず、階段ダイアグラムの大体の傾きから知るしかない。

富士山の階段ダイアグラム

それではいよいよ富士山の階段ダイアグラムを見てみよう。富士山の階段ダイアグラムはこれまで何回か作られてきたが、今回は地質調査を行う日本唯一の政府系機関である産業技術総合研究所が2021年春に発表した最新の富士山噴火史⑤のデータを元に、私が作ってみた。それが図26である。形を一目見てわかると思うが、右下の角も、左上の角も直線上に揃《そろ》わないので、この階段ダイアグラムは「ランダムなししおどし」が描くものに近い。つまり、次の噴火の正確な時期も、今噴火した場合の噴出量も予測できない、というのが私の結論だが、皆さんはどうお考えになるだろうか。

ちなみに、鶴見さんがびっくりしてしまった、富士山のマグマだまりはパンパンで噴火スタンバイ状態という考えはどうだろうか？　もし、階段ダイアグラムの現在の位置が噴火時期予想線（右下の点線）に近ければ、いままで5歳児がサボっていたために、

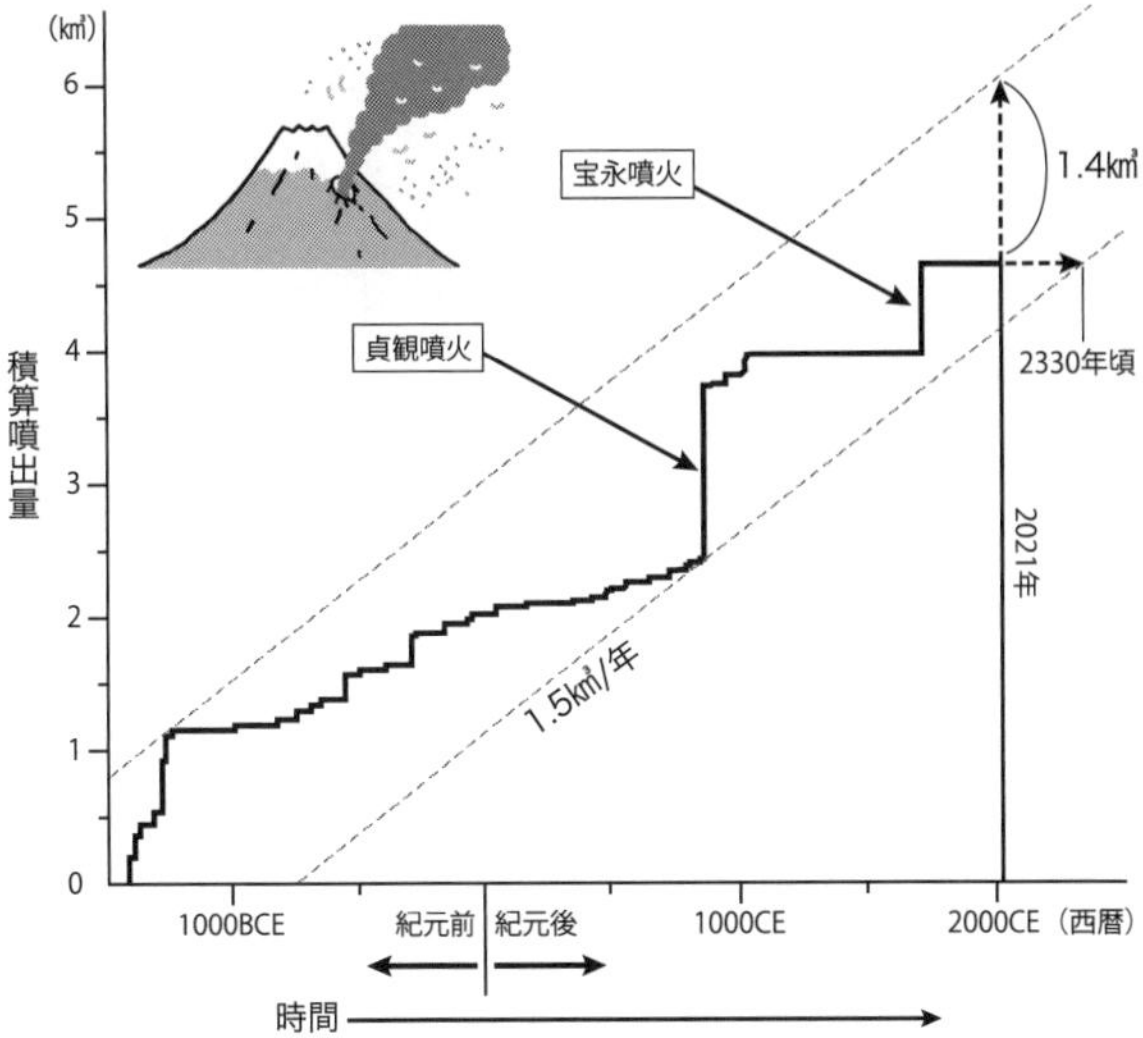

図26　富士山の階段ダイアグラム。噴出量予想線（左上の点線）と噴火時期予想線（右下の点線）は階段ダイアグラムが収まるように配置した。またこれらの線の傾きは平均的なマグマ供給率に相当するが、これはグラフのはじまりである紀元前1400年から最後の噴火である1707年の宝永噴火までの3200年間の噴出量4.7km³から、1.5km³／千年とした。ちなみにCEは紀元後、BCEは紀元前だ（CEはCommon Era、BCEはBefore Common Era）。以前はそれぞれAD（Anno Domini）、BC（Before Christ）と呼んでいたが、学術の世界ではここ10年くらいでキリスト教色の強いこれらの呼び方は急速に駆逐されたので、まだの人は覚えよう！

自然にししおどしが動き出す、という状態に近いので、スタンバイ状態と言えないこともない。しかし、図を見る限り、近いと言えば近いが、パンパンと言い切るには時間があるように、何事にも楽観的に考えがちな私は感じてしまう。この図を信用する限り、今のまま噴火がないと、西暦２３３０年頃に階段が点線に触れるので、今から最大で３００年近く噴火がなくても不思議ではないとは言える。

一方で、今すぐ噴火が発生したとき、最大の噴出量は噴出量予想線（左上の点線）と階段ダイアグラムの現在の点との距離で予想でき、これは１・４㎦となる。この噴出量は富士山史上最大の溶岩流と考えられている平安時代におきた貞観噴火（１・３㎦）より大きく、もしそんな噴火が起きたら、かなりの大噴火と言える。ただ、この階段ダイアグラムで予想できるのはくどいようだが、現時点で起こりうる最大の噴火と、これから噴火が起きるまでにかかる最大の時間である。だから、噴出量１・４㎦以下の噴火が西暦２３３０年頃より前に発生するのは否定できない。

火山の将来予測と注意書き

さて、富士山の噴火史からえられた階段ダイアグラムを作ることで、富士山の噴火活動がこれまでどのようなペースで発生してきたか、また今後の噴火の見通しや、噴火が発生したときの噴出量の規模感を把握することができた。何となく分かった気になる。それに、階段ダイアグラムには、じっくり考えてみるべき情報がふくまれているような気になる。しかし、このグラフの信頼性についてよく認識しておかなくてはいけない。この階段ダイアグラムは完全無欠の完成版ではない。だから、そこから導かれる見方も現時点でのひとつの考え方に過ぎない、ということを認識する必要がある。

まず、階段ダイアグラムの元となった産業技術総合研究所のデータにも誤差があるということを承知しておかなくてはならない。噴出物の量を正確に求めるのは結構難しく、ひどい場合には倍半分、良くても数十パーセント程度の誤差がある。従って、階段ダイアグラムも真実とはかなり違った形である可能性がある。だから、噴出量予想線と、噴火時期予想線は大きくずれる可能性がある。このため、現時点で噴火が発生したときの最大噴出量1・4㎦とか、今後最大で300年くらい噴火が発生しない可能性がある、という見通しには大きな誤差があるはずだ。大体このくらいと思うけど、これより数値が大きいかもしれないし小さいかもしれないことは認識しておこう。

加えて、産業技術総合研究所のデータが富士山のすべての噴火を網羅しているわけではないという点にも注意が必要だ。実際には発生したのに、記録がされていない噴火もあるはずだ。例えば、新しい噴出物で覆われてしまった昔の火山灰や溶岩は、地表から見えないので、体積や年代はおろか、存在さえ分からない。また、最近のことならデータが完全かというとそうでもない。このデータでは、西暦1120年頃から1707年の宝永噴火までの間、噴火はないことになっている。しかし、神奈川県内では宝永噴火の前にも降灰があったとする指摘もある(6)。産業技術総合研究所の噴火史は、現在の地表付近で認められる噴出物のうち、特に溶岩に着目して作成された。従って、貞観噴火と宝永噴火の間の時期の、降灰を主とする噴火は今後の調査で発見される可能性はあると考えられる。

わかりやすさの誘惑と戦う

富士山のマグマだまりはパンパンで噴火スタンバイ状態というのは、メッセージとしてはわかりやすい。でも本当のことだろうか。たしかに見方によってはそうみえるので、嘘《うそ》とまではいえないが、私はそんなふうには言えないなと思う。私がお伝えしたいのは次の2つだ。富士山の将来の噴火について、火山学的には、これまで見てきたような研究の積み重ねによる噴火史と、階段ダイアグラムという考え方に基づいて導かれることがまず一点。そしてもう一点は、火山学者が構築する噴火史にはただならぬ努力が投入されているにもかかわらず、大きい誤差があり、階段ダイアグラムも目安程度にすぎないという事実である。

「富士山のマグマだまりはパンパンだ」というわかりやすい17音のフレーズに比べて、私の言いたいことは実にまどろっこしい。ここまでの説明で、1万字以上も費やしてしまった。原稿用紙だと25枚以上だ。これほど長いと、筑摩書房のようなお堅い出版社なら喜んで取り扱ってくれるが、マスコミは相手にしてくれないことも多い。

私はマスコミの人たちを相手に、火山の説明をすることがあるが、取材に来る人は大きく2つに分かれる。ひとつは、何人もの研究者にインタビューをしているタイプだ。これはニュース番組担当者や新聞の記者に多い。何人もの研究者に聞くのは、研究業界の標準的な理解を知るため、賛成意見や反対意見、取材をする人の信頼性などを総合的に検討するためである。いわゆる「裏取り」だ。これはとても時間がかかる作業だ。放送時間にして10分程度の話でも、1か月くらいの取材期間はざらだ。もう一方のタイプは、もうあらかじめ記事や番組の内容は決まっていて、それにあうようなコメントを取れる人を探しているのだ。こういう人たちは、取材の結果を番組や記事にするというより、すでに放送や出版の日が決まっていて、取材をする時点では時間との勝負になってしまっている人が多い。

どっちが良いという話ではない。たとえばじっくり取材をする人は、専門家が見ても合格点を与えられる番組や記事を作るかもしれないが、内容が難しいことが多い。だから、せっかく番組や記事を作っても、チャンネルを変えられたり読み飛ばされたりして、結局人々には届かないことも多いだろう。一方、あらかじめ内容が決まっているほうは、専門家の合格点は微妙だが、人々に興味を持たせることはできるだろう。完全な無関心より興味があった方がはるかに良いので、私はそのようなスタンスは否定しない。しかし、情報の受け手はどういう取材を経て作られた番組や記事なのか、といった裏読みをする姿勢も必要だと思う。

火山の噴火予想

21世紀の火山研究であれば、火山の噴火予想についてかなり見通しが立っていると期待していた人は多いかもしれないが、以上のような理由で将来の噴火の時期や規模はほとんど予想できないといってよい。これが火山学の現状である。富士山は現在、世界でもっとも研究が進んだ火山のひとつと言えるが、将来の噴火について言えることはここで述べたことがせいぜいで、非常に不確実性が大きいことがわかっていただけたと思う。

こうした不確実な現状で将来の富士山噴火に備えていかなくてはいけない、ということが富士山と付き合う上で最大の難問なのであるが、難問があり、それを解決する必要があるということは、取り組みがいがあるというワクワクすることでもある。しかし、取り組むと言っても、富士山の噴火が具体的にどのようなものであるかわからない以上、取り組み方もわからない。そういうわけで、次章以降では、富士山の噴火に備えて、どのような取り組みが行われているのかを見ていくことにしよう。

第五章　富士山の溶岩はどこまで流れるか

東京から「こだま号」に乗って大阪方面に向かうと1時間もたたずに三島という駅に停車する。三島は温泉で有名な修善寺などを擁する伊豆半島の玄関口であるほか、三嶋大社という由緒正しい神社がある。地学的に言って、この町の特徴はきれいな水が豊富に湧きだすということであろう。名物はウナギだったりする。ウナギは三島ではなく浜名湖などで育ったのだろうが、三島のうなぎ屋さんに来てからきれいな水の中でしばらく飼うことで泥臭さがとれるのだそうだ。うなぎ屋は水が命らしい。また、三島駅のすぐ南には、湧きだしたきれいな水を池に引いて作られた楽寿園という庭園がある。地下水の採取が大規模に行われるようになったため、楽寿園の池は涸れている時期が多くなっているのが残念なことだが、満水になるとなかなか見事である。

さて、こうした湧き水は富士山から流れてきた溶岩流である。その名も三島溶岩の中を流れてきた地下水である。一般に溶岩は亀裂が豊富で、水を通しやすい。このため火山の周辺の地下水が、溶岩流の中を通ってくるのはよくあることだ。三島のきれいで豊富な水は三島溶岩のおかげなのだ。実際、楽寿園は三島溶岩の末端、つまり火口から流れてきて一番遠くに達したところにある。楽寿園をふくめて、三島の湧き水は三島溶岩の末端から湧出してきたものが多い。

しかし、三島に三島溶岩があるということは、その昔、この一帯は熱くてドロドロと流れてきた溶岩流で覆われたということだ。考えてみれば恐ろしい話だ。三島溶岩は約1万年前に噴出したが、それははるか昔の話なので、今は心配しなくてもよいということなのだろうか。それとも、将来、三島駅やその南に拡がる三島市中心街が溶岩流に埋められる可能性はあるのだろうか。こうした疑問にこたえるべく作成されているのが、火山ハザードマップである。

嫌われものだったハザードマップ

ハザードマップは、火山以外にも津波や洪水などを想定したものが全国で作られている。最近は地球温暖化の影響なのか、局地的な大雨が非常に多く、テレビやラジオ、インターネットでハザードマップを確認しましょう、みたいな呼びかけが多くされるようになった。だから、ハザードマップがどんなものなのか、見当もつかないという人はあまりいないと思う。しかし、ハザードマップが世間に広く知られるようになったのは21世紀に入ってから。毎日のようにマスコミで使われるようになったのはここ10年くらいのことだ。

ハザードマップは防災対策の一環として作られるわけだが、私が就職した1990年代後半はまだ、防災対策をおおっぴらに推進すること自体が嫌われるような有様の地域が、日本のあちこちで多数残っていた。防災対策をするとおおっぴらに言ったら、そこが危険だと宣言しているようなものだとか、災害が近い将来おきると勘違いされて観光客が少なくなったり、土地の値段が下がったりするのではないかと思われていたからだ。今から思うと信じられないが、ほんの少し前までそんな世の中だったのだ。

北海道生まれの火山ハザードマップ

そんな世間の風向き大きく変わったのは、火山の場合、なんと言っても2000年の有珠山《うすざん》噴火が契機だろうと思う。有珠山は北海道にあるが、北海道はちょっと特殊なところがある。まず、北海道は比較的大きい規模の噴火が歴史上何回も発生している。だから北海道民は噴火が他人事《ひとごと》とはあまり思っていなかったし、噴火に備える心構えが、ほかの地域よりは出来ていた。そして、地元の北海道大学では、活発な北海道の火山を一手に引きうけて研究や観測を行ってきた。加えて、火山のふもとの市町村長や防災担当者と、北海道大学の火山の先生との関係が割と密接だった。そのようなわけで、日本で初めての火山ハザードマップは、１９８３年、北海道駒ヶ《こまが》岳《たけ》という火山のある地元自治体の依頼で北海道大学の先生が協力して作られた[1]。

北海道ではその後、火山ハザードマップが次々と作られるようになったが、その効果が発揮されたのは２０００年の有珠山噴火だ。火山ハザードマップで噴火の時にどのような現象が起きて、どういった地域に被害が及ぶかが示されていたので、行政も住民も、噴火がどういうものかを知っていたし、避難すべき場所はどこかもわかっていた。こうした理解があるのとないのとでは、雲泥の差だ。災害現場というのはどこもいそがしく、いろいろな問題が同時多発的におきるからだ。

私も2015年の箱根山噴火を経験したが、噴火となると役所には、一般住民から国会議員、噴火に関係がある気象庁からあんまり関係がなさそうな国の役所、などなどあらゆるところから、正確なものから不正確なもの、常識的なものから非常識なもの、ささやかなものから声が大きいものなどなど、とんでもなく多様な情報提供、依頼、指示、問い合わせが一日中ガンガン入ってくる。それにひとつひとつ対応していくのが精一杯で、とてもゆっくり考えているような時間はない。住民が何百人、何千人の単位で避難をするような事態になったらなおさらだろう。だから、噴火が起きそうになったり、実際に噴火が発生してしまってから、火山の説明をして住民に理解してもらうなんて悠長な時間はないのだ。

有珠山の2000年噴火では、ハザードマップが事前に避難対象地域と避難先を示していた。このため、噴火の可能性が高くなった段階で、火山周辺の地域から人が避難をはじめることが出来た。そして、噴火時には火口の周辺にほとんど人がおらず、犠牲者を出さずにすんだ。

2000年の有珠山噴火の成功例を見て、火山ハザードマップを事前に整備しておくことは、噴火になった時のことを思うと必要だという実感が、日本全国に拡がっていった。この頃から、災害対策を行うことは、そこが危ないと言っているというわけではなく、危ないところを把握して対策を行っているので、何もしていないところより安全なのだという前向きな捉え方がされるようになってきたように思う。

特殊な地震で目が覚める

北海道は先進地だという話をしたが、日本政府も無駄に時を過ごしていたわけではない。政府は、1986年の伊豆大島噴火を契機として、火山ハザードマップ作成の検討会を設置して、いくつかの火山を選んでモデルとなるハザードマップの作成をすすめた。実は、そのモデルとして富士山も選ばれていたが、富士山だけがハザードマップの完成に至らず終わった。その事情を、私はよく知らないが、その理由は、やはり少しばかり時代を先取りしすぎたというところがあるのだろう。なにしろ、時代的に防災対策自体が後ろ向きの頃だ。富士山は巨大で、5合目以上だけで7市町が関係しているが、これだけ多いとハザードマップづくりを嫌がる市町があったりして足並みが揃《そろ》わなかったのかもしれない。

そんな富士山では21世紀になると同時に、突然、ハザードマップを作る方向で、話が進むようになった。有珠山の成功例を見ていたこともあるが、富士山固有の事情もあった。富士山で、深部低周波地震という特殊な地震が２０００年から２００１年にかけて急増したのが観測されたのである。

深部低周波地震は、はっきりとした定義があるわけではないが、通常の地震があまり発生しないような深いところで発生し、周期１秒以上のゆっくりとした揺れを示すような地震のことをいう。深部低周波地震がなぜ発生するのかは、実はよくわかっていない。しかし、多くの火山学者や地震学者は、流体と言って地下のマグマや水、ガスが移動するときに発生すると考えている。ちなみに、深部低周波地震は発生場所が深い上に地震の規模が大きくないので、人間が感じることはまずない。

富士山で深部低周波地震が発生するのは、要するにマグマか火山ガスのようなものが地下で移動をしていることを示しているが、普段はそんなに多くなかった。しかしその急増は火山学者や地元自治体、政府に少なからぬ衝撃を与えた。富士山は１７０７年の噴火以来、長いことお休みをしていると思っていたら、地下ではマグマか火山ガスがとても活発に移動することがある、つまり火山として地下では活発に活動をしていることが、明々白々となったのである。それまでは、噴火なんか想像もつかない、そんな状態でハザードマップを作って意味あるのか、みたいな心境だったのが、このことで突然、将来は確実に噴火をする、だからちゃんと備えておこう、という前向きな気持ちに変わったのだ。

国直轄の火山ハザードマップ作成事業

気分が変わって、方向が決まれば動きが早いのは日本のお役所である。深部低周波地震が観測された翌年の2001年7月には早くも、国や富士山に関係する自治体が集まって、富士山火山防災協議会という組織が設置されるとともに、富士山ハザードマップ検討委員会という専門家や防災関係者によるハザードマップを作る委員会が設けられた。普通、ハザードマップを作るのは地元自治体や、国の出先機関が多い。しかし、富士山のハザードマップ作成にあたっては、内閣府という中央省庁が主導をした。また、他の火山ではハザードマップを作る段になって、あらたに地質調査をやり直すことはまずなくて、既存の研究論文を参考にすることがほとんどだ。ところが、富士山のハザードマップ作成にあたっては、改めて大々的に地質調査が行われて、過去数千年間の噴火記録が調べ直された。こうして、２００４年に富士山で初めての火山ハザードマップが完成した。北海道駒ヶ岳に遅れること21年。しかし、日本の火山学者や政府関係者が持てる力を出し切って、富士山のハザードマップが堂々の完成をみたのである。

改定された富士山の火山ハザードマップ

火山ハザードマップは出来てしまえば、それで業務終了というわけではない。改定が必要だ。どうしてかというと、火山の研究は毎年少しずつだが進歩しているためだ。ハザードマップを作成するためにはいろいろな情報が必要だが、例えば、火口や溶岩の分布を示した地質図は最重要情報のひとつだろう。富士山の場合、ハザードマップを作りはじめた２００１年の段階では１９６８年に出来たものしか総合的なものはなかった。33年も前に出来た地質図だ。(2)作った津屋弘達《つやひろみち》先生もとっくに亡くなっていて、地質図を読んでいて疑問が出来ても聞くことも出来ない。これではいかんということで、新たに作る取り組みが始まったが、地質図を作り直すというのは大変な作業で、ハザードマップの完成には間に合わず、出版にこぎ着けたのはなんと2016年のことであった。[3]

もちろん、地質図を作っていく過程で得られた情報はハザードマップに盛り込まれたが、その後、完成までにハザードマップで考えていた火口の分布や、溶岩の量に修正が必要であることが明らかになったのである。特に溶岩の量はショッキングであった。過去数千年間で最大の噴出量を誇る貞観噴火の溶岩を改めて調査したらそれまで考えていた量の2倍もあることがわかったのだ。

さらに、この十数年で、コンピュータが高速大容量になったことにくわえ、コンピュータに読ませる地図の精度が向上した。ハザードマップを作る際には、コンピュータで溶岩のシミュレーションをして、どこをどのように流れるかという想定に用いるわけだが、より精度の高いシミュレーションが高速でできるようになったというわけだ。

こうしたもろもろの状況を考えると、ハザードマップで想定していなかった範囲にも溶岩流がやってくる可能性が出てきた。それで火山学者たちは、作り直す必要があるだろうという声をあげるようになった。行政の人もそうした火山学者の声を聞いてくれて、今度は山梨、静岡、神奈川の3県などでつくる富士山火山防災対策協議会という組織が、富士山ハザードマップの改定をすることとなった。

びっくりした想定

改定版の富士山ハザードマップ[4]は2021年3月に公表されたが、これはかなり大きいニュースになった。というのも、最大級の溶岩流を流す噴火が起きた場合、以前の想定よりも大幅に遠くまで流れるとされたためである。なかでも一番ショックを受けたのは、神奈川県の人たちだ、と私は思う。私をふくめ神奈川県民の多くは、富士山が噴火した時、火山灰は降ってくるかもしれないとは考えていたが、どんなに大きい噴火があっても溶岩流が来るとは考えていなかったからである。改定版では、富士山の東を北に向かって流れる鮎沢川《あゆさわがわ》に流れ込んだ溶岩は、場合によってはそのまま県境を越えて、酒《さか》匂川《わがわ》をくだり（鮎沢川は県境を越えると酒匂川という名前になる）、神奈川県西部の山北町《やまきたまち》や南足柄市《みなみあしがらし》など、それなりの人口を抱える市町を飲み込みつつ、小田原市の北部でようやく停止するというシミュレーション結果が示されている。また、桂川に流れこんだ溶岩流が場合によっては相模湖付近に到達する可能性も示された。

溶岩流に町が埋まるというのは大ごとだ。平地では溶岩流が流れる速度より、人間が歩く速度の方が速い。だから、歩いてでも逃げれば命は助かるが、明治以降の日本で、溶岩流に埋まった集落がその場所で復興した事例は皆無である。復興不可能な災害、それが溶岩流に埋まるということなのである。私も実は他人事ではない。私は酒匂川のそばに住んでいるが、このシミュレーションのとおりになると私の家も溶岩に飲み込まれて資産価値ゼロになる。そうなったらかなり困る。

神奈川県民としては不満を言いたくなる気持ちもある。だいいち、神奈川県内に富士山の溶岩流の存在は知られていない。だから、これまで溶岩流が来たことはないと考えられる。だったら今後も溶岩はこないのでないのか、と反応するのは自然なことだと思う。この反応は、シミュレーション結果が間違っている、あるいはシミュレーション結果が過剰すぎるのではないか、と翻訳できるだろう。いやいや、難しいことは考えずに、コンピュータがはじき出した結果なのだから可能性はあるのだろうと、認めることにしてみたらどうか。しかし、認めたとしても、いままでなかったような災害に、本当に備えなければいけないのか、備えなくてはならないとしたらどうやって備えれば良いのか、という疑問が生じる。このように、今回の想定は、受け止める前に疑問が生じてしまう。

こういう疑問を放置するのは精神衛生上良くない。疑問を放置しないで、どうして、こんなシミュレーション結果が出てきたのかを理解することが、納得できる受け止めをする第一歩だと私は思う。というわけで、シミュレーションのやり方について基本的なところから見ていくことにする。

ひとつに決められない火口位置

当たり前だが、溶岩流は地表に開いた火口から出てくる。だから溶岩流の動きをシミュレーションするためには、コンピュータに火口の位置を教えてやらなくてはいけない。山頂にある火口一択！　と単純に決められれば良いが、富士山には山頂以外のあちこちに火口がある。それどころか、第三章でふれた通り山頂火口を使ったのは今から約2300年前の噴火が最後で、それ以降は山腹から噴火を繰り返している。山腹の火口は、専門的には側火口《そくかこう》または側火山というが、本書では側火口と呼ぶことにする。

側火口は第二章で出てきた単成火山になることが知られている。おさらいすると単成火山は、1回こっきりの噴火で形成され、その後は二度と噴火しない火山のことをいう。なぜ、山腹で噴火が起きるのだろうか。そして、山腹に出来た火口はなぜ再度使われることがないのか？　それは、マグマがどうやって地上に向かって上がってくるかを理解するとわかる。

実験でわかるマグマの上昇と火口

第二章でマグマが移動する際には岩脈という形態をとる、と書いたが、マグマが地上に向かって上がってくるのも移動の一種だから、山頂火口とマグマだまりを結ぶ通路である火道を通らないとすれば、岩脈という形態をとる。岩脈はごく小さいものだったらお家で手軽に作ることができる。面白いのでぜひ作ってみよう（図27）。

まず、ペットボトルを用意して底に穴を開けておく。穴を開けるのにおすすめなのは釘や針をコンロで真っ赤になるまで熱してからプスッと刺す方法だ。そして出来た穴は

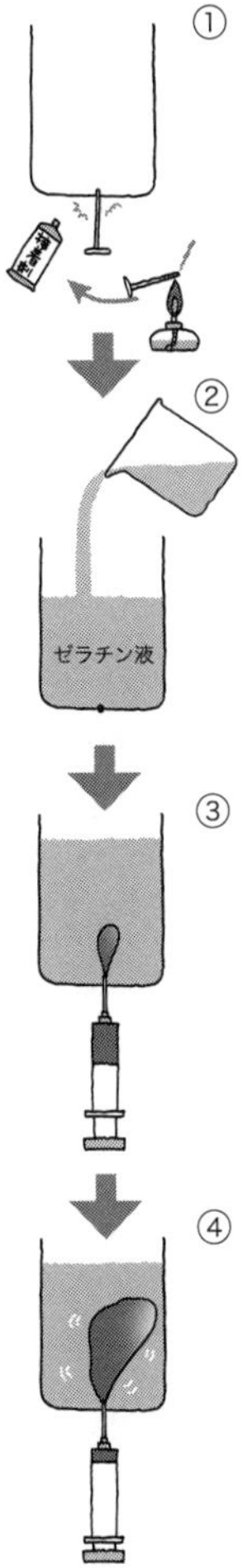

① ペットボトルを用意して、底に穴をあけておく（釘や針をコンロで真っ赤に熱してからプスッと刺す）。穴は接着剤で埋めておく。接着剤はやわらかめに固まる「弾性接着剤」がお薦め。

② 接着剤が固まったら、ペットボトルの中にゼラチンを入れてよく冷やしてゼリーを作る。

③ 注射器に食紅などで着色した水を入れてペットボトルの穴に刺して注入（水ではなく油を使用してもよい）。

④ 着色した水は団扇のような板状に広がりつつ上がっていく。

図27　ペットボトルの中で岩脈を作る実験

接着剤で埋めておく。接着剤が固まったら、ペットボトルの中にゼラチン液を入れてよく冷やし、ペットボトルの中でゼリーを作る。ゼリーが出来たら、注射器に食紅などで着色した水を入れる。そして、注射器の針を、ペットボトルの底の穴にさして、ゼリーの中に着色した水を注入して、水がどのようにゼリーの中を上昇していくか、観察してみよう。ほぼ間違いなく、円盤というか、団扇《うちわ》というか、いずれにしても板のような形状の割れ目をゼリーの中に作りながら上がっていく様子を観察できるはずだ。これが岩脈だ。そして、着色した水は最終的にゼリーの表面に達して、そこで噴出する。これが噴火というわけだ。

言うまでもないが、この実験は着色した水がマグマ、ゼリーは地殻、つまり地球の表面近くを形作っている岩石や地層を示している。水とマグマは何となく似ているような気がするので許すとしても、ゼリーと岩石は違うんじゃないかという意見はあるかもしれない。岩石はゼリーみたいに、ブルブルしていないし……。しかし、ものすごく大きい目で見ればゼリーは岩石と同様に固体で、割れる時はバリッと割れるあたりは似ている。実際、富士山のマグマが上がってくる様子を解明するために、真剣にゼリー実験をしているプロの火山学者がいたりする。[5] 一見意外で、しかも簡単だが、なかなか侮《あなど》れない実験なのだ。

ちなみに、この実験で噴火の様子を見ると岩脈が地表に到達するために、マグマはひとつの点からではなく、地表に開いた直線上の割れ目から噴火をすることが確認できる。噴火というと、ひとつの丸い火口から噴火するような絵を描く人は多いが、割れ目から噴火することも結構ある。こういう噴火を、その名も割れ目噴火という。意外と単純なネーミングだ。割れ目噴火と言ってもずっと割れ目からカーテンのように噴火しているわけではなく、時間がたつと直線上にならんだいくつかの火口に噴火が集中するようになる。そういうわけで、割れ目噴火の跡は、地形としては噴火口や、噴火口の周りにできた小山（スコリア丘という）が列をなしていることがほとんどである。

富士山の火口

これまで行われてきたさまざまな地質調査の結果から、火山学者は火山の地下のマグマの通り道が図28のようになっていると考えている。真ん中にある火口、山頂火口とか中央火口とかいわれる火口の直下には火道と呼ばれるマグマの通路が開いていると考えられている。しかし、通路と言ってもマグマは楽々通れるわけではなく、岩脈を作って横に移動した方が楽な場合があると考えられる。なぜなら、山頂で噴火する場合は通路を使うとは言え、山腹で噴火するのに比べて、より高いところまでマグマを押し上げなくてはいけないからだ。富士山だと山頂火口とこれまで知られている側火口の標高差を考えると、1000m以上も余計に高い所まで移動させなくてはならない。実際、地質調査では火道からのびる岩脈が観察されている（図29）。

何度も触れたとおり、富士山は最近2300年間、山頂火口を利用していない。最近の富士山は、何らかの理由があって山頂火口で噴火させるより、側火口から噴火した方が楽らしい。岩脈を作ってマグマが横に移動する場合、岩脈を作っただけで満足して、結局噴火しないこともあり得るが、たまたま岩脈が地表とあたると、そこで噴火が発生する（第二章でも触れた）。現在の火山学の水準では、地震や地殻変動の観測から岩脈が作られていること自体を察知することは不可能ではない。しかし、地下のどこにどういう形で岩脈ができているのかを完全に知るのはほとんど不可能なので、噴火場所も予測

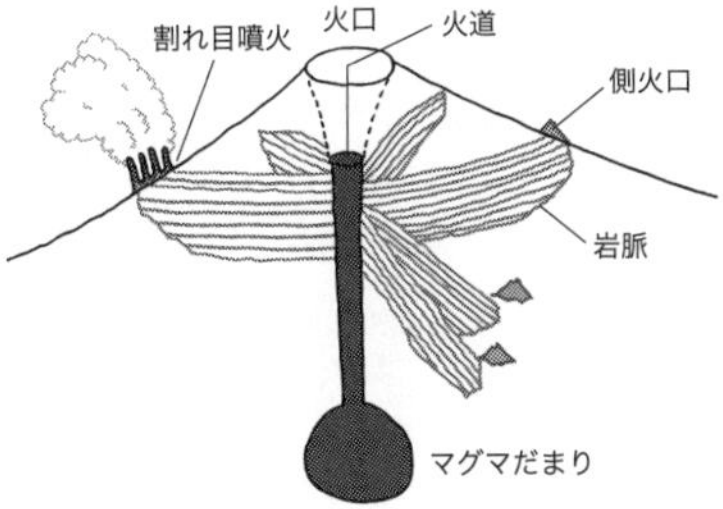

図28　山頂火口と側火口、火道と岩脈の関係。本文で単成火山は二度と噴火が起きないと述べたが、単成火山は岩脈の先にできるためである。山腹の噴火は岩脈を通ってきたマグマが噴出することでおきるが、噴火後に冷えて岩脈がカチカチに固まってしまうと、そこをもういちどマグマが通ることはできない。だから、山腹の噴火は1回こっきりの噴火で単成火山を形成して、その後に全く同じ場所で噴火が起きることはない、というわけだ

図29　アメリカ合衆国ニューメキシコ州にあるシップロックと呼ばれる昔の火山の跡。浸食によって火山体が削られて、火道とそこから延びる岩脈が地表に現れた。図28は嘘ではないのだ。（撮影・白尾元理）

が難しい。だから、富士山で今後噴火が起きそうになったとしても、噴火前に火口の位置を予想するのはかなり大変だと思う。ペットボトル実験をやって見ると、ゼリーのほんのちょっとした不均質や、ゼリーにかかる力のかかり具合で（容器を手で握ってみながらマグマを注入するといろいろと面白い現象が観察できる）、火口の場所は変わってしまう。ゼリーで難しいのだから、本物の火山で火口の位置を予測するのはもっと難しいことはよくわかると思う。

というわけで、次の噴火でどこに火口が開くかはわからない。しかし、地質調査で富士山の火口の分布を明らかにした結果、富士山の周りだったらどこでも同じくらいの確率で火口が形成されるわけではないらしい、ということがわかった。それどころか、大規模噴火の火口はこの範囲、小規模噴火の火口はこの範囲、といった具合に、噴火規模ごとに火口の分布が限られることがわかってきた。これを改定版ハザードマップの報告書では想定火口範囲と呼んでいる（図30）。

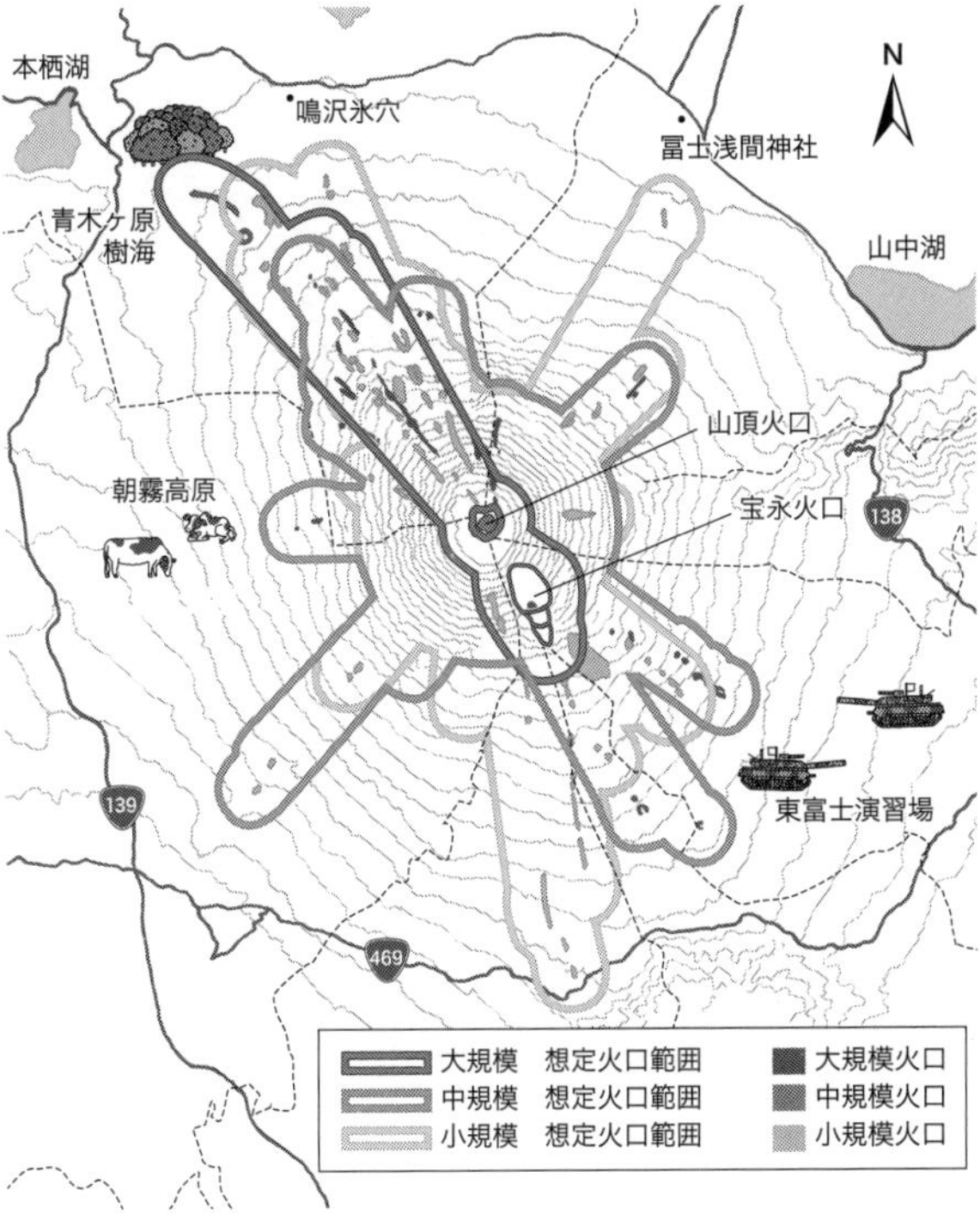

図30　富士山の想定火口範囲 (4)。一部で国道が含まれたり、市街地の近くまで広がっていることが分かる。

溶岩流の体積と火口

話が長くなりすぎて何の話か忘れてしまったかもしれないが、問題はシミュレーションをするコンピュータに教えてやる火口の位置だった。前節で、想定火口範囲内であれば、どこでも噴火の可能性があるといえることがわかった。これで、めでたしめでたしだ。しかし、この範囲ならどこでもよいと言われても困る。お寿司屋さんに連れて行かれて、ケースにあるネタなら何でも頼んでよいと言われるとビビるのと同じだ。そんなこと、言われたことはないけどたぶんそうだろう。それにこの場合、計算には時間が必要だし、計算をする人にその時間分のお給料を払わなくてはいけない。なるべく計算時間を節約する必要がある。想定火口範囲にまんべんなく火口を開けて、計算させるわけにはいかないのだ。

そういうわけで、ハザードマップを作る委員会の人たちは、想定火口範囲を囲む線と谷の交点など[6]をコンピュータに与える火口の位置とした。一番外から流せば、内側から流すよりも遠くに流れるだろう。遠くに流れた方が、あとから「溶岩流をなるべく短くするような細工をして、住民を安心させたい行政に忖度《そんたく》した」みたいな批判がなくてすむ。また、谷底から流せば、その上流域に火口が生じたのと同じような流れ方をする。だから好きなところにあちこち火口を開けるより手間が節約できるのだ。計算上の火口の位置は計算開始点と報告書では呼ばれているが、大規模噴火のケースでは69点、中規模噴火のケースでは91点、小規模噴火では92点設けられた。ちなみに、計算で流した溶岩の量は、大規模噴火のケースでは過去5600年間で最大の溶岩流噴火であった貞観噴火と同じ1・3㎦、中規模噴火で0・2㎦、小規模噴火で0・02㎦、である。

双耳峰だった昔の富士山

以上のような検討を踏まえて決定された火口位置から溶岩を流す計算が行われて結果が公表された。詳しいことはハザードマップ検討委員会の報告書に書いてあるのでそれをご覧いただきたいが、話題になったのは、桂川《かつらがわ》（下流で相模川《さがみがわ》となる）に流れ込んだ溶岩流が神奈川県の相模湖まで到達したり、冒頭で書いたように鮎沢川に流れ込んだものがやはり神奈川県の小田原市に到達するという結果が出たためである。静岡・山梨両県内の富士山の裾野に溶岩流が流れても、たとえば三島のように溶岩流の上に町が出来たようなところが多いから、そういうこともあるだろうと納得できる。しかし、相模湖にも小田原にも富士山の溶岩は存在しない。神奈川県に流れてきたことはないのである。

このうち、小田原方面に流れた溶岩流がなかったことにはある程度理由がある。それは、昔の富士山は今と形が違っていたからだ。実は、地質学的な証拠から富士山はその昔、双耳《そうじ》峰《ほう》といって、同じくらいの高さの峰がふたつ連なっている形をしていたらしいと推定されているのだ（図31）。ちなみに、富士山の地質や噴火記録に詳しい、静岡大学の小《こ》山《やま》真人《まさと》先生は、双耳峰とは言わずに、ツインピークスというシャラクサい名前で呼んでいる。小山先生ファンの方はツインピークスと呼ぶなど、お好みで使い分けて欲しい。

脱線した。富士山は今から10万年くらい前から活動を開始したと言われているが、それ以降、今から１万７０００年くらい前までの活動で出来た山のことを、「富士山は富士山でも古い富士山」ということで、古富士火山と呼んでいる。その後、現在まで古富士の西側で急激な成長を遂げたのは新しい富士山ということで、新富士火山と呼ばれている。新富士火山は大雑把に言って、我々が日ごろ目にしている富士山とほぼ同じと考

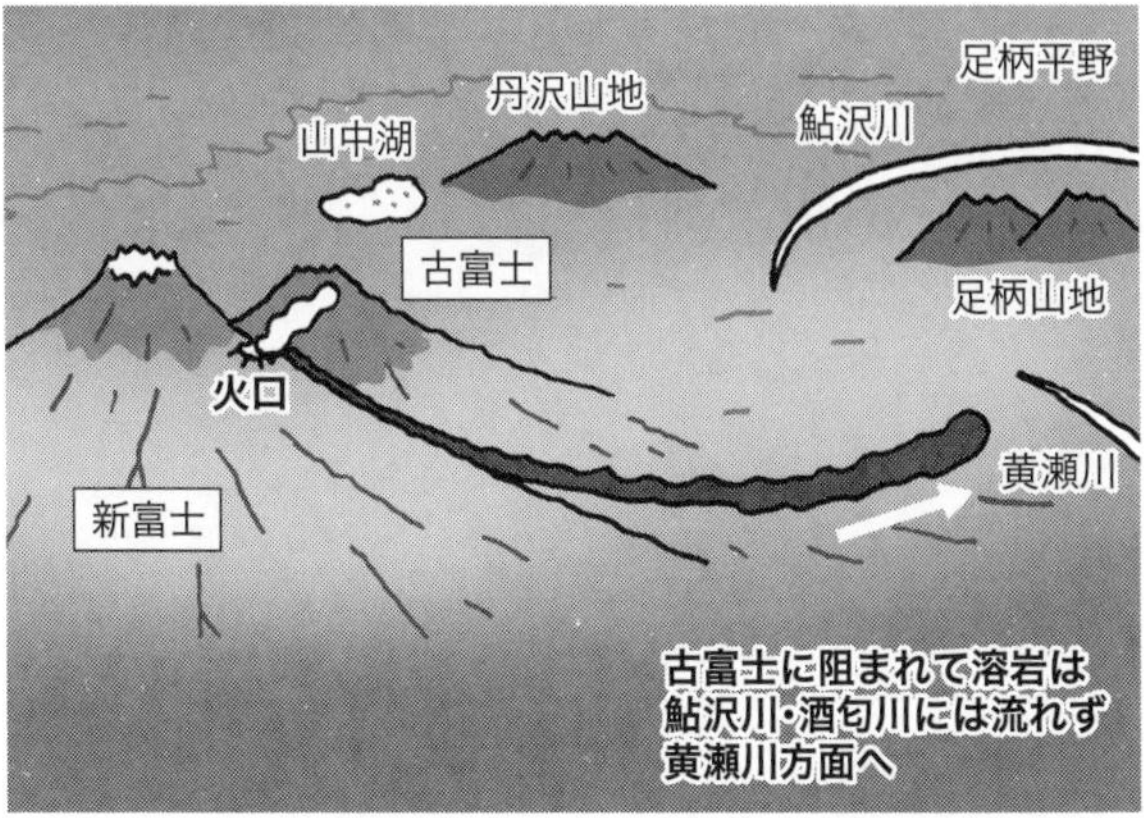

図31　富士山が双耳峰だった頃。鮎沢川への道は古富士に阻まれていた。

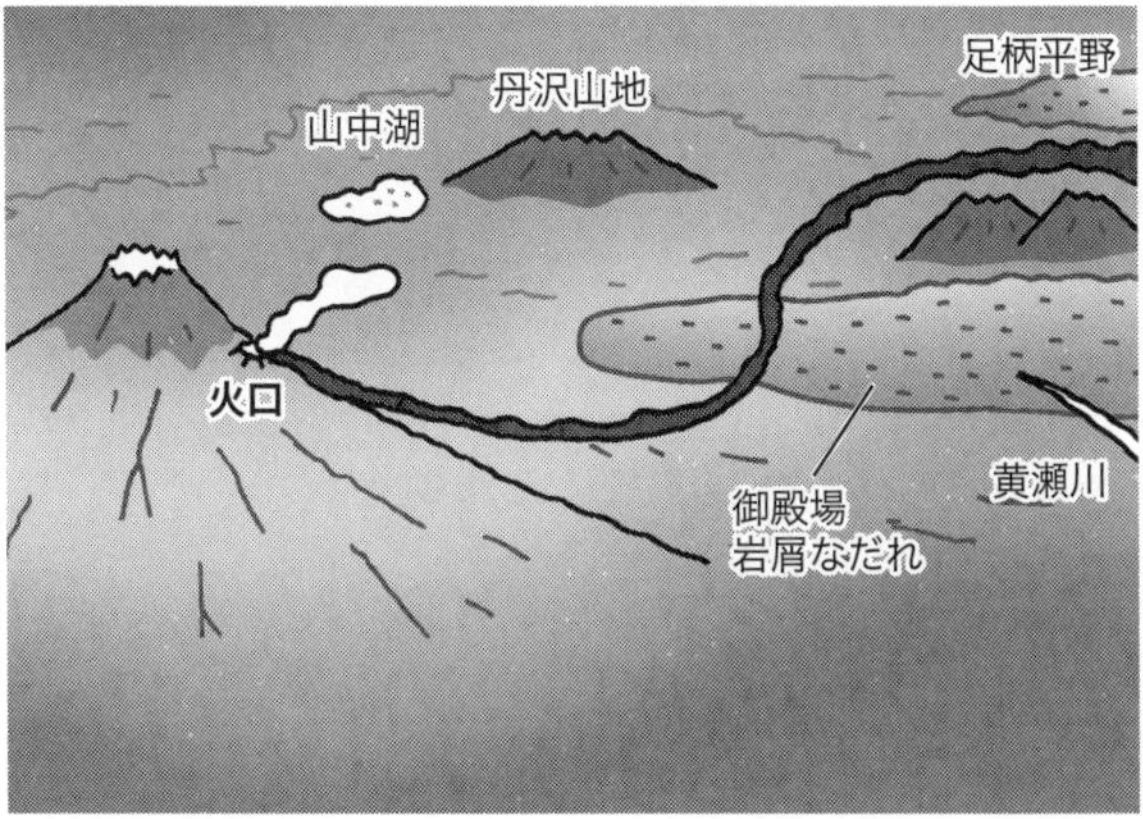

図32　古富士火山がなくなってからは、溶岩流が鮎沢川に向かって流れることができるようになった。

えて良い（図32）。

いまから2900年前くらいまでに、新富士火山はたくさんの噴火を繰り返して古富士と肩を並べるまでに成長した。その間、先ほどの三島溶岩や、桂川沿いに流れた猿橋溶岩など長大な溶岩流が流れた。このとき、鮎沢川方面にも溶岩が流れてもよさそうなものだが、当時、新富士火山の東側には古富士火山があったのだ。だから、新富士火山の東側で火口が開口して溶岩が流れ出しても古富士火山に阻まれて、三島方向に流れ下らざるを得なかったのである。

なお、大規模な溶岩流が発生すること自体が稀《まれ》な現象だが（富士山の階段ダイアグラムをみればそれは容易に理解できる）、鮎沢川方面に流れて神奈川県に到達するのはさらにレアケースのはずだ。シミュレーションでは大噴火で69点の計算開始点が設けられたが、そうしたケースとなるのは4点だけである（図33）。桂川を流れ下るのが20点、黄瀬川を下るのが8点、富士川水系を下って富士市や富士宮市の市街地に達するものに至っては31点もあるのに比べるとかなりのレアケースと言えそうだ。

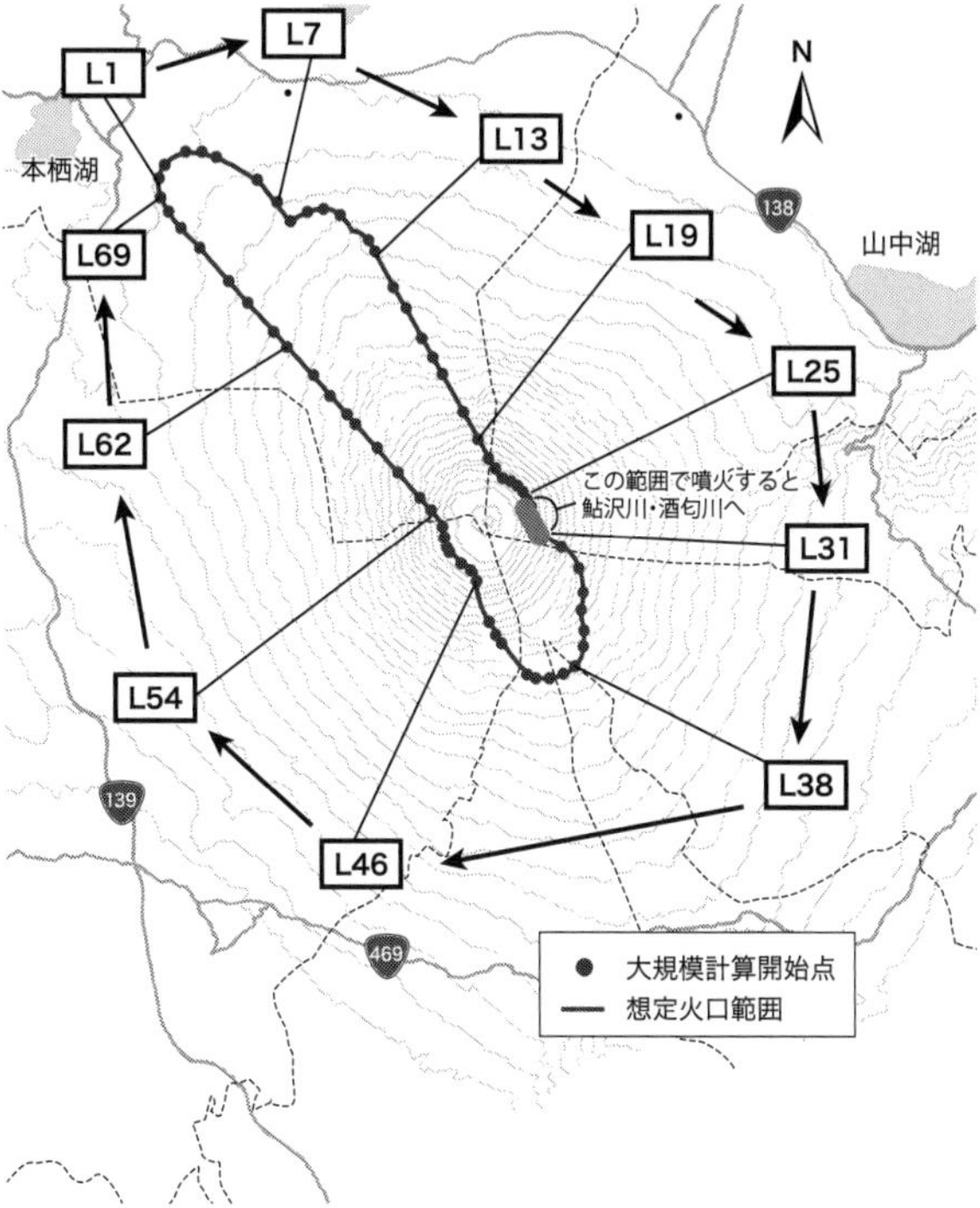

図33　大規模噴火による溶岩流をシミュレーションするために設定された計算開始点　鮎沢川・酒匂川を通って神奈川県に達するのはL28からL31の4点しかない。ちなみに、ざっくり言ってL1～L8が本栖湖から河口湖、L11～L28が桂川・相模川、L28～L33が鮎沢川・酒匂川、L34～L38が黄瀬川、L39～L69が富士市および富士宮市方面に流下するが、詳しくは報告書の「溶岩流ドリルマップ」(4) で確認してほしい。

崩れ去った古富士火山

ところで、かつて双耳峰のひとつを作っていた古富士火山が今はどこに行ったかということが誰でも気になると思うが、ちょっとややこしい。

まず鮎沢川に溶岩が流れないようにしていた古富士火山の高まりはごっそり崩れて流れて行ってしまった[7]（図32）。いわば巨大な山崩れだが、このように火山のかなりの部分が一挙に崩れることを山体崩壊、そして山体崩壊の結果生じた土砂がたまった堆積物のことを岩屑《がんせつ》なだれ堆積物という。山体崩壊は火山学の用語だが、何となく格好が良いからか、最近は報道でも使われているのを見るがほぼ百パーセント、ただの土砂崩れを指していて、完全に誤用である。

脱線した。古富士火山が山体崩壊を起こしたのは、今から２９００年前のことだが、この時に生じた堆積物は「御《ご》殿場《てんば》岩屑なだれ堆積物」という。その名の通り、御殿場の町でいまでも見られる堆積物だが、さらに鮎沢川・酒匂川を流れ下ったため、この川沿いには点々と御殿場岩屑なだれ堆積物があり、小田原市内の鴨宮《かものみや》付近ではちょっとした台地を作っている。つまり、鮎沢川・酒匂川には溶岩は流れてこなかったが、御殿場岩屑なだれは流れてきた。だから、地形が変わった今となっては酒匂川に溶岩流が流れてきたって全然おかしくないのである。

一方、古富士火山が完全になくなったわけではない。富士山の地質図を見るとわかるが、富士山の東側斜面にはところどころ古富士火山が露出している[8]。というか、新富士火山と言っても標高0mから自ら積み上げてきたわけではなくて、古富士火山の西側半分を土台にして成長したというのが真相なのだ。新富士火山が古富士火山の存在を忘れて、自分ひとりで大きく高くなったと思っていたとしたら、勘違いも甚だしい。

ちなみに、山体崩壊は火山では意外に珍しくなく、長い火山の一生のうち1度や2度は起きるのが普通である。富士山の場合は最低でもなんと4回もの山体崩壊があったことが地質調査から知られている。2900年前のものは富士山の中で最新の山体崩壊である。何が原因で山体崩壊したのか、誰でも知りたくなると思うが、わかっていない。大地震が引き金という人もいれば、富士山の直下にある活断層のせいだという人もいるし、火山体の内部が温泉などの影響で脆《もろ》くなったためという人もいる。実は山体崩壊という現象は他の火山でも理由がよくわからないことが多い謎の現象で、本当は富士山でも防災対策を考えなければいけないのかもしれないが、普通の噴火に比べると稀な現象で、普通の噴火の対策だけで充分忙しいこともあって、そこまで議論が進んでいない。

やっぱり過剰見積もり？

御殿場岩屑なだれのことを考えると、鮎沢川・酒匂川を溶岩流が流れてきて、私の家を飲み込む可能性があることは不自然ではなく、個人的にとりあえず飲み込むことにするが、相模湖まで到達する溶岩流はどう考えたらよいのか。これはなかなか悩ましい問題である。というのも、シミュレーションで計算された相模湖に到達する溶岩流は、富士山史上最長の溶岩流よりも全然長いのである（図34）。

富士山史上最長の溶岩流は、さっき出てきた猿橋溶岩という。猿橋溶岩が富士山のどこから流れてきたかはわからない。なぜなら猿橋溶岩が流れたのは随分昔で、その後もたくさんの溶岩流が噴出した。このため富士山の周りでは猿橋溶岩が新しい溶岩に埋まって地下に隠れているのである。しかし、猿橋溶岩は富士山から富士急行線や中央自動車道が走る桂川沿いを流れて、大月に入り、今度はＪＲ中央本線が通る谷に入ってしば

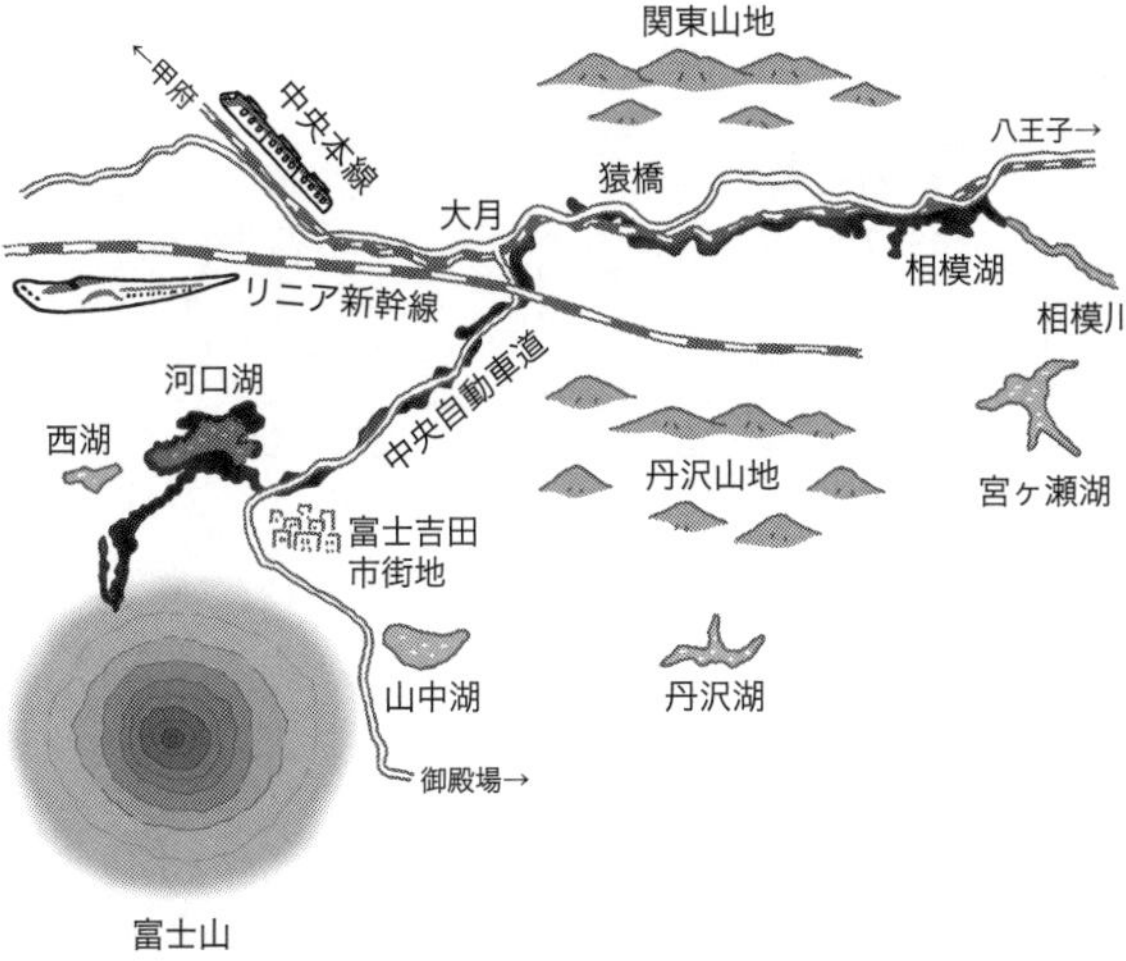

図34　相模湖に到達するシミュレーション結果の例　富士山腹で噴出した溶岩は河口湖とその周辺を完全に埋めた後、北東に流れて大月にいたり、今度は中央本線に沿って流れる。富士山の溶岩が到達したこれまでで最も遠い地点は猿橋で、シミュレーションの結果はかなり大きい。

らくしてようやく止まったことはわかっている。この間30kmくらいある。私も用事があってたまに東富士五湖道路を経由して、中央自動車道に入り、リニア実験線をくぐる時に、リニアモーターカーが名古屋まで走る日を夢見たりしているが、同時に火山学者の顔に戻ってよくこんなに長く溶岩流が流れたなと感心する。しかしシミュレーションで計算された溶岩は猿橋を越えてさらに20kmほど流れ下るのだ。

　私は正直なところ、このシミュレーション結果はちょっと長すぎる印象を受ける。実際、同じ噴出量の噴火が起きたとしても、もうすこし短くなる可能性はたくさんあるように思う。そう思う理由のひとつは火口の形だ。シミュレーションでは１００ｍ四方の火口がひとつだけ開いて、そこからドクドクと溶岩が流れることを想定している。しかし、実際の富士山の噴火は、割れ目噴火をする可能性の方が高い。割れ目噴火となったら、富士五湖方面に行く溶岩流や、鮎沢川方面に行く溶岩流ができてその分、相模湖方面に流れる溶岩の量は減る可能性もあるだろう。ようするに、見積もりが過去の記録より長くなったのは、ひとつの火口という現実的でない設定のせいかもしれない。あと、川筋を流れてくるのにシミュレーションに河川の影響を加えていないというのも長くなる原因かもしれない。溶岩流は火口から出てきた熱々《あつあつ》の状態であっても、大量の水に触れると冷えて固まる。だから、川がジャンジャン流れている谷を、溶岩がスルスルと流れるとする仮定はあまり誉められたものではないかもしれない。だったら、割れ目噴火とか川の影響をシミュレーションに盛り込められれば、とは誰でも思うが、現時点では不確定な要素が多すぎて、みんなが納得するような計算法は存在しない。したがって、盛り込めないのである。一方で、私の「長すぎる」という印象もさほど根拠があるわけではない。少なくとも猿橋溶岩より絶対に長くなってはいけない理由を私自身は思いつかない。

所詮シミュレーション、されどシミュレーション

シミュレーションと聞くと、なんとなく頭がいい人が考えた難しくて高尚な計算の結果であって、素人が結果に対して疑問を差し挟むのはおこがましいと思っている人は多いと思う。しかし、シミュレーションにはこうした不完全なところが多々あるから、シミュレーションの結果を額面通りに受け取るのは間違いだ。一方、不完全だから、その

結果も間違っているとか、役に立たないと考えるのも間違いだ。どちらも極端すぎる。何事も中庸《ちゅうよう》が肝心だ。シミュレーションとは、かくかくしかじかの仮定をすると、このような結果になる、ということを示してくれるだけの存在である。所詮はその程度のシロモノなのだが、人間がなかなかできない、客観的な結果を示してくれるところによいところがある。

もし、シミュレーションがなかったら、偉い先生が言ったから、とかいうレベルの判断材料しかない。例えば、偉い先生が「猿橋溶岩より遠くまで流れるとはケシカラン！」と言っても、その先生の頭の中身はよくわからない、つまり透明性があまりない。しかし、シミュレーションの手続き、つまりどういう噴火を想定して、かくかくしかじかという名前のコンピュータプログラムを使って計算した結果、猿橋溶岩より遠くまで流れちゃいました、という論理の流れには透明性がある。しかもこれは偉い先生どころか、人間ですらないコンピュータがはじき出した結果だ。だから、みんなで考え方や結果について忖度なく話し合うことができるのである。

シミュレーションは多くの場合、税金で実施されているのだから、誰もが話し合いに参加する権利がある。ハザードマップの報告書には多かれ少なかれ、シミュレーションの実施方法についての記述があるはずだ。ぜひともシミュレーション結果を自分なりに検討して、興味のある人たちと議論をしてみよう。また、行政など防災担当の人や、それを監視する議員さんは、シミュレーションとはどういうものなのか、改めて理解しておくことが特に重要だ。税金を使ったらこんな結果が出てしまった。これじゃあ住民に説明するときに困る、文句が出たらどうしようと考えてしまうかもしれない。責任感に溢《あふ》れているゆえの反応だと思うが、ちょっと考えすぎのように思う。シミュレーションとは所詮その程度のものだと割り切って、むしろ住民に対して、こういう結果がでたのだけどどう考えましょうか、と議論の土台を提供するくらいの感じでもよいと思う。シミュレーションの結果を受けた対応も、税金で行うわけだ。納税者にも考えてもらって初めて、納得のいく対応ができるというものだ。シミュレーションをどう説明してよいかわからないときは、ハザードマップを作るのに関わった先生方を呼んでみたらどうだろうか。多分喜んで説明を手伝ってくれると思う。

第六章　富士山の火山灰はどのくらい危険なのか

鹿児島の降灰

私の研究仲間に鹿児島市出身の火山学者がいる。彼の高校時代は桜島がとても活発で、火山灰が降りしきる中、登下校や部活動をしていたそうだ。家も学校も着る服もざらざら。曰く「灰にまみれた青春」だったという。そういうわけで、彼にとって、桜島は全然好きになれない、ほとんど恨めしくもある存在なのだそうだ。大学進学で東京に来て、心底ホッとしたともいう。鹿児島県民なら桜島が郷土の誇りに違いない、と思い込んでいた私は軽いショックを受けた。毎日、つらい思いをすると、のんきなことを言っていられないのかもしれない。

図34に鹿児島市の年間降灰量の経年変化のグラフを示した。確かに彼の高校時代の降灰量は多く、中でも降灰が多かった1985年の1年間には、1㎡当たり約16kgも積もっていた。これは確かに大量のよう感じる。見渡す限り、スーパーで売っているコメ袋

（5kg入）が1㎡に3つ置いてある光景を想像したらそのすごさが分かる。厳密にいうと、これでは1kg足りないので、ついでに1kg入りの押し麦（私の好物だ）も置いてあるシーンを考える必要があるかもしれないが、とにかくすごい量だ。

コメ3袋を1か月で消費している我が家は、こんなにコメが降ってきたら大助かりだが、降ったのは火山灰だ。利用価値はほぼゼロ。都市部の標準的な住宅の敷地面積は120㎡くらいだと思うが、その面積に積もる火山灰は約2トンだ。こんな量の火山灰をかき集めて、しかもそれをどこかに持っていこうなんて考えたら、途方に暮れてしまう。ところが、これから話す富士山噴火による大規模降灰はこんなレベルではないのだ。

宝永噴火

1707年10月28日、静岡県の御前崎《おまえざき》沖から高知県の足摺岬《あしずりみさき》沖までの広い範囲を震源域とする超巨大地震である宝永地震が発生した。この地震では広い地域で震度6に達したと考えられるが、富士山周辺では震度5程度の揺れだったようだ。余震は広い範囲で長い間続いた。2011年3月11日に同じく超巨大地震である東北地方太平洋沖地震が

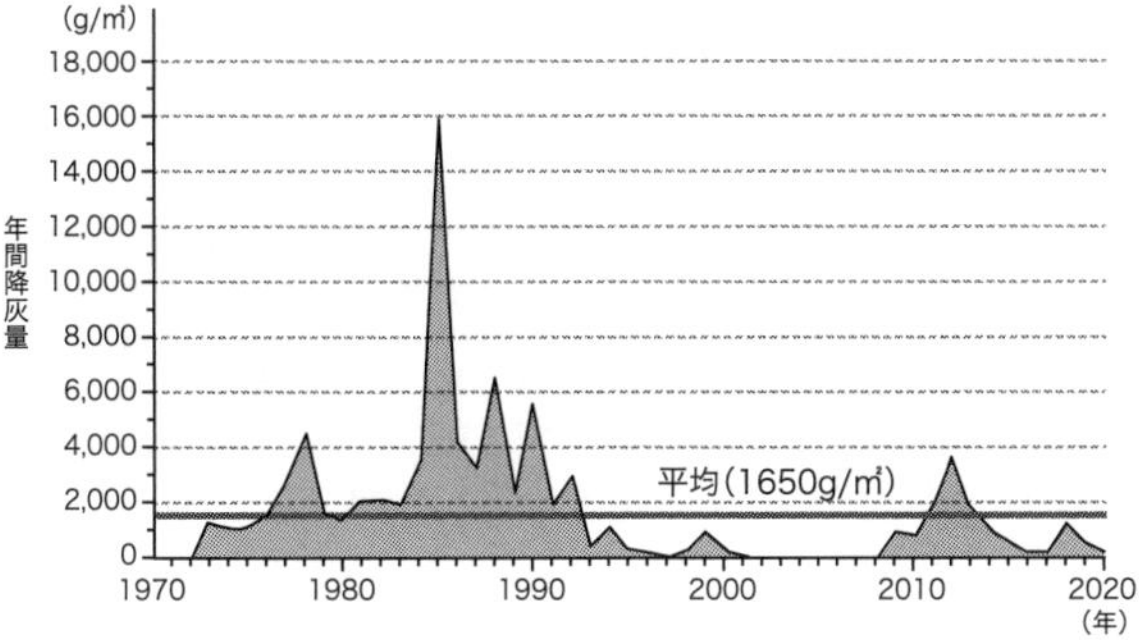

図35　気象庁鹿児島地方気象台による年別年間降灰量。(気象台HPのデータより筆者作図)

発生したが、このあとは何か月も毎日のように強い余震があったのを覚えている人がいるかもしれない。たぶん、宝永地震の後もそんな感じだったのだろう。ところが富士山周辺では、地面がゴーと鳴り響きつつ地震がおきる、地鳴りや鳴動と呼ばれる現象を村人たちが感じるようになった。また、富士山の周辺だけで感じられる地震も増えた。こういう地震は富士山のマグマが動いた際のものだと考えられている。そして1707年12月16日午前10時頃、山が割れんばかりの音が鳴り響いたと思ったら山腹から黒雲が沸き立った。これが宝永噴火①の始まりである。

江戸でも噴火が始まったときの衝撃で戸や障子がバタバタと音を立てた。そして2時間ほどした頃、火山灰が降り始めた。江戸での降灰の様子は、歴史の教科書に出てくる新井白石《あらいはくせき》のほか、将軍の家来である旗本や、地方の藩から参勤交代で上京して駐在していた武士によって記録されている。また千葉県の佐原市では、伊能《いのう》景利《かげとし》が日記に詳しく書き留めているほか、なんと火山灰の採取をしていて、それが今も残っている。伊能、と聞いたら正確な日本全土の地図を作った伊能忠敬《ただたか》だが、忠敬の義理の祖父が景利である。伊能家は地学マニアの家系なのだろうか。

富士山の周辺には、信仰のため富士山に登る人たちにふもとの村で宿を提供したり、登山の案内をする御師《おし》という職業の人たちが多く住んでいたが、そういう人たちや地元の知識層が噴火の様子を書き留めている。こうした記録を総合すると、噴火は強くなったり、弱くなったり、一時的に停止したりと、複雑に変化しながら15日間も続いたことがわかっている(2)。

現代では気象衛星や気象レーダーなどを使って、噴煙の高さを測定することができる。しかし江戸時代にそんな便利な装置はないので噴煙の高さに関する測定記録はない。ただ、普段は富士山が見えない、愛知県名古屋市や、長野県の伊那《いな》谷で、12月16日の日中に富士山の噴煙を見たという記録が残っている。富士山とこれらの地点の間にある山々の高さを考えると、噴煙は10km以上にならないと山の向こうから顔を出さないという結論が導かれる。つまり、12月16日の噴煙は最低でも10kmに達したと考えられるのだ。(3) 噴煙が10kmを超えていたことは、私の最近の研究でも確かめられつつある。(4)

降灰に襲われる江戸

1985年の鹿児島市における年間降灰量は1㎡あたり16kgだった。火山灰の単位面積あたり重さと厚さの換算はケースバイケースなので、火山学者の間でも揉めそうな事柄だが、取りあえず、「1㎡あたり1kg＝厚さ1㎜」と考えて、1985年の鹿児島市の年間降灰量は1・6㎝くらいと考えて良いと思う。これを頭に入れて宝永噴火の降灰分布図を見てみよう(図37)。なんと驚くべきことに、東京で4㎝である。しかも、鹿児島は1年間に少しずつ火山灰が降ってようやく1・6㎝のところ、宝永噴火の時の東京は15日間で2倍以上の4㎝だ。そんな多量の降灰をもたらす噴火がどのようなもので、当時の人がどんなことを感じたのか、書き残した文献を検討するとおぼろげながらわかってくる。

江戸ではいろいろな記録を総合すると、最初の1週間はずっと降ったりやんだりで、23日と24日は小休止したものの、25日は降灰が再開して、27日以降は風向きのせいか特にひどくなったらしい。降灰が終わったのは30日朝らしい。[2] さすが首都だけあって、江戸の様子を記した史料（過去に起きた事柄を把握するのに役立つ資料のこと）は多いが、最も克明に記しているのは伊《い》東志《とうし》摩守《まのかみ》日記[5]だろうと思う。著者は伊東祐賢《すけかた》という人で、先祖は静岡県伊東市あたりの豪族だが、噴火時は３０００石というから結構な身分の旗本家当主である。祐賢によると噴火初日の16日夜に入るまでに２〜３分《ぶ》ほどの火山灰が積もったという。１分は通常３㎜と換算されるが、だとすると、１日で６から９㎜くらい、鹿児島の平均年間降灰量（約１・７㎜）の数倍も降ったというわけだ。祐賢の記録はその後、噴火終了まで続き、日々噴煙がどちらに見えたか、江戸市中では何があったか、富士山の近くからはどういう報告があったか、などが記されている。

祐賢の記録で私が興味深いと感じたのは、噴火中に江戸では、富士山からの空振と言って火山噴火に伴って生じる空気の振動のほか、地震や雷鳴が頻繁に感じられたという点である。地震は宝永地震の余震かもしれないが、噴火に伴っての揺れも含まれていた

図36　宝永火口

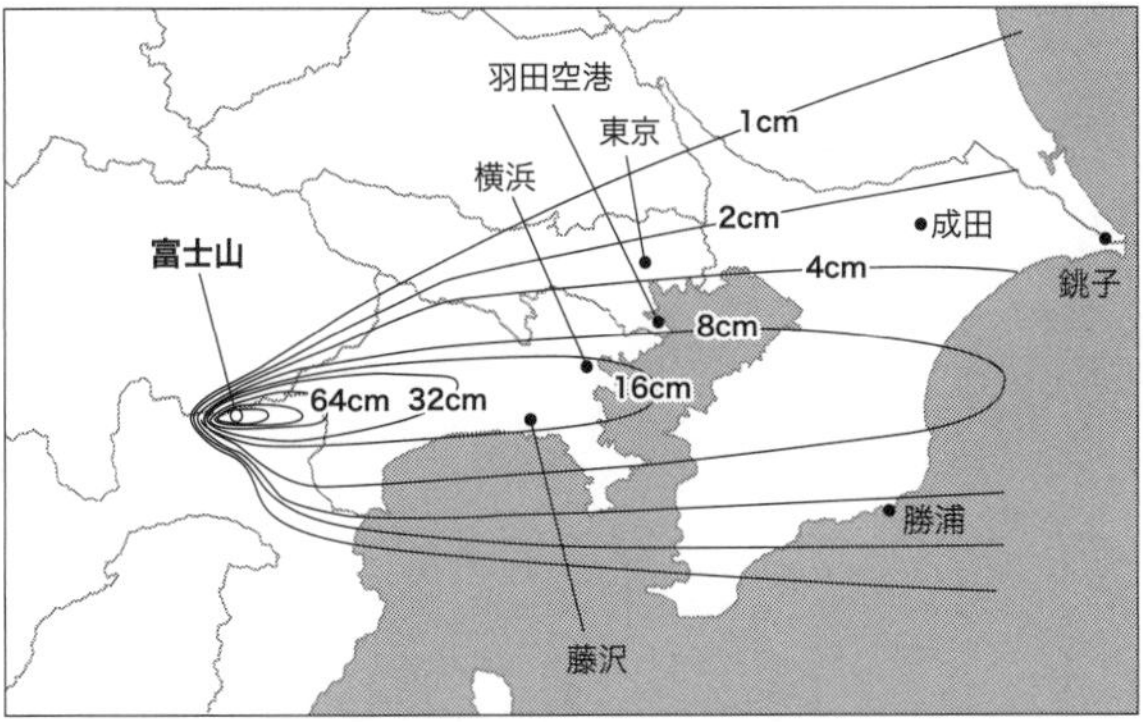

図37　宝永噴火の降灰分布図

かもしれない。また、雷鳴はおそらく火山雷と呼ばれる現象だろう。噴煙の中にはたくさんの火山灰が含まれているが、それらがぶつかり合うことで生じる静電気が原因とされていて、珍しい現象ではない。ただ、降灰、空振、地震、雷が頻繁に感じられるとは、普通に考えてかなり異常で不安の念がかき立てられるような2週間だっただろう。

祐賢は観察をよく記述しているという点で優れているが、悪く言えば実務的かつドライで、降灰の体感という点ではもの足りない憾《うら》みがある。現在の佐賀県鹿島市《かしまし》にあった鹿島藩の江戸藩邸の日常を記した鹿島藩日記という文書はその点、体感重視の記録が少しだけあって、12月27日の江戸市中は「砂が降って目や口が開けられない」(砂降り、目・口も開き申さず)などとあり、相当な降り方をしたらしいことがわかる。この日は特にひどかったのかもしれないが、こういう状況だったら屋外で活動するのはかなり難しいことが想像できる。

噴煙と降灰

さて、これまで降灰とか、噴煙とか、特に何も説明せずに書いてきたが、これらがどういう現象なのか、火山学の一般的な理解を振り返ることにしよう。

地下のマグマだまりにいるマグマには数パーセントの水が溶け込んでいる。これは地下でマグマには圧力がかかっているためである。瓶に入っているコーラには、圧力がかかっているため泡はみられない。しかし、瓶の栓を抜くと、シュワシュワと泡が出る。場合によっては泡だらけのコーラになって瓶の口から噴き出すことがある。これは、栓を開けたことで圧力が下がるために、コーラに溶けていられなかった二酸化炭素が泡となるためである。マグマも地表に向けて上昇をするなど、何らかの理由でかかっている圧力が下がると溶けていた水が泡となり、最終的にはスポンジのように泡だらけのマグマとなる。そして、だいたい泡の体積が全体の7割くらいになると、原因は未だによくわからないが、泡だらけのマグマはバラバラになる。これを火山学では「マグマの破《は》砕《さい》」と呼び、この時できるのが軽石や火山灰である。軽石や火山灰は泡だらけのマグマの破片が冷えて固まったものなのだ。ちなみに地表に噴出する前に、泡だらけのマグマから上手《うま》いこと泡が抜けた場合、マグマは溶岩となって火口から噴出する。

さて、マグマが破砕して、火口から軽石や火山灰が噴出すると、噴煙となって大気圏

を上昇していく。噴煙とは火口から出た時は、

（軽石）＋（火山灰）＋（マグマに溶け込んでいた水が水蒸気になったもの）、

でできている。しかし、噴煙がモクモクと大気圏を上昇している間に、噴煙は周りの空気を巻き込んでいる。噴煙の「モクモク」した形状は、噴煙内に生じた渦によるもので、渦は空気を取り込む働きをしているのである。

つまり大気中を上昇する噴煙は、

（軽石）＋（火山灰）＋（マグマに溶け込んでいた水が水蒸気になったもの）＋（空気）、

でできている。このうち、空気は軽石や火山灰の持っている熱で暖められて膨張する。ここで重要なのは、膨張した空気は、膨張する前の空気より密度が低いという点である。噴煙には軽石や火山灰など、周囲の空気より比重が高いものが入っているにもかかわら

ず、膨張した空気が大量に含まれるせいで、全体でみれば周囲の空気よりも密度が低くなる。このため、噴煙には浮力が働き、上昇していくのだ。つまり噴煙が上昇するのは熱気球と同じ原理と言ってよい。

噴煙の端っこからは軽石や火山灰が放出されて、それが地表に落下して降灰となる。噴煙が高く上昇すると、軽石や火山灰は上空高い所でも噴煙から放出される。したがって、高い噴煙ほど遠くまで降灰がもたらされる。マグマが単位時間あたりどれくらい噴出するかを、マグマ噴出率と呼んでいるが、これが大きいほど噴煙は高くなるということが知られている。つまり、遠くまで軽石や火山灰をまき散らすことができる高い噴煙は、マグマの出てくる勢いが強い噴火なのだ。

大きな噴石、小さな噴石

よく、軽石や火山灰が遠くまで到達するのは、火口で上空に放出される時の速度が速かったからだと考えている人がいるが、それは間違いだ。火口から大きい速度で上昇しても、地球には重力が働いているので、上昇する物体は、1秒間に秒速9・8mずつ減速する。このため、例えば音速と同程度の秒速３００ｍという高速で噴出しても、時間にして30秒ちょっと、最大でも高さ約４・６㎞に達した時点で、上昇速度はゼロになる。宝永噴火のように10㎞を超えるような噴煙の高さは火口での上昇速度では説明がつかない。軽石や火山灰は、浮力で上昇する噴煙に乗っかって高く舞い上がるのだ。

一方で、噴煙に乗らず、火口から直接飛んでくる粒子もある。これを火山学では火山弾または投出岩塊と呼ぶ。ちなみに火山弾はその時の噴火で噴出したマグマに由来する粒子を、投出岩塊はその他のもともと火口にあった岩石などを指す。２０１４年の御嶽山噴火では60名以上の方がなくなったが、その原因は投出岩塊が体にあたったためである。火山弾や投出岩塊は火口近くにいる人たちにとっては大変危険なのだ。

火山弾や投出岩塊が噴煙に乗らないのは、重すぎて噴煙に乗れないからだが、全く同じ粒子でも、噴煙に乗れるか乗れないかは、噴火によって多分違う。しかし、火山学では64㎜以上の粒子であれば自動的に火山弾または投出岩塊と呼ぶことにしている。[6] それで間違いが少ないと考えているためだ。ちなみに、火山学では２㎜以下の粒子を火山灰、２㎜以上64㎜以下の粒子を火山礫《かざんれき》と呼んでいる。一方、気象庁は火口から直接飛んでく

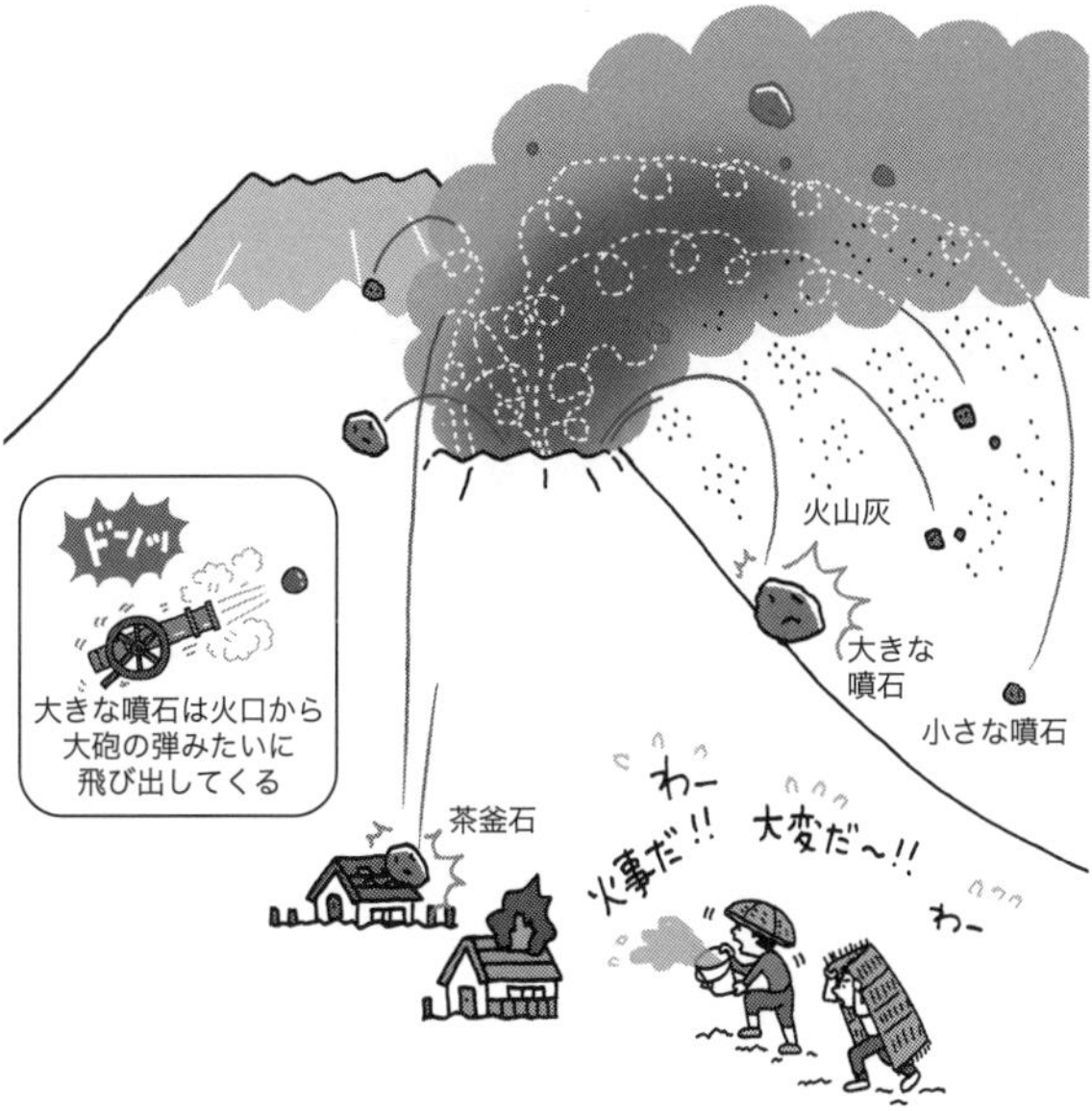

図38　大きい噴石、小さい噴石、茶釜石　同じ噴出物でも火口から直接飛んでくるのか、噴煙中をしばらく上昇してから飛んでくるのか、経路の違いによって名前が異なるのだ。

る粒子を「大きい噴石」、噴煙によって運ばれるが火山灰より大きい粒子を「小さい噴石」と呼んでいる。気象庁は現象に着目しているので、火山学者のように大きさで粒子を分類するような大雑把な真似はしていない。しかし、さすがの気象庁も粒子が運ばれるところをいちいち確認しているわけではなく、大きさからなんとなく判断しているわけだから、これはこれで大雑把といえる。

噴石はどれくらい危ないか

大きな噴石、つまり火山弾や投出岩塊は、高速とはいえプロペラやジェットエンジンを装備しているわけではないので、ボールと同じように空気抵抗や重力の影響を受けていずれは地表に落下する。つまり、到達する距離には限界があるわけだ。その目安は火山によって違うが、最大で火口から4km と考えられている。富士山では大きな噴石が飛ぶと想定される範囲は、大規模噴火で4km、中規模・小規模噴火で2km とされている。そういうわけで、富士山のふもと以外の地域では大きな噴石が飛んでくることは考えなくてよい。しかし、富士山から4km以上離れたからと言って絶対安全というわけでもない。

先ほどの伊東志摩守日記では、神奈川県の川崎や戸塚で、リンゴほどの大きさの軽い石が降ったと読める記録がある。江戸時代のリンゴは今日《こんにち》栽培している西洋種ではなく和《わ》リンゴと呼ばれるちいさい観賞用の果実だったらしいが、それでも４㎝くらいはあり、祐賢が「軽い」と言ってくれていても、頭に当ててよいと思えるような大きさではない。川崎あたりだと、降ってくる粒子のほとんどは１㎝もないが、まれにこのような大きさの石が降って来たのを目撃した人がいるというのは重要な記録だ。

富士山の近くだと、噴石による被害は深刻だ。富士山のふもとの須山にいた土屋伊太夫という人が残した記録によると16日に噴火が始まるとすぐ、茶釜や茶碗ほどの大きさの石が降ってきて、落下すると衝撃で割れて中から火が出たという。このため、飛んできた噴石が茅《かや》を積んでいるところなど、燃えやすいものの上に落ちると火災が発生した。人々はムシロやザルを被って消火活動に励んだが、家が数軒焼けたという。積んでいた茅は茅葺《かやぶ》き屋根に使うために、蓄えていたものなのだろう。噴石がやんだのは午後３時過ぎというから、５時間は大わらわだったようだ。須山は火山灰が厚く積もっているわけではないので、火災があったのは別の集落で、この記述は体験ではなくて伝聞と考えられている。しかし、その信頼性は高いだろう。同様の記述がある文献はほかにもあり、須走という集落で行われた最近の発掘調査で、宝永噴火の火山灰の下から焼け落ちた住宅の跡が実際に見つかったからだ。須走は宝永噴火の火口に最も近い集落だが、それでも11㎞も離れている。一般的に考えられている火山弾や投出岩塊が飛んでくる範囲よりもはるかに遠いが、茶釜や茶碗ほど、つまり直径10〜20㎝はありそうな、火災をもたらすには充分熱い噴石が飛んできたのは間違いないようだ。

それでは、この茶釜石（大きい熱い噴石というのが面倒なのでそう呼ぶことにする）はどういう理由で飛んできたのだろうか。じつはこの問題に関する研究はほとんどない。江戸時代の記録にもあるとおり、茶釜石は落下すると着地の衝撃で割れてしまう。地質調査をしても茶釜石が見つからないのは、割れた破片が他の火山礫と区別が付かないためであろう。茶釜石が見つからなければ、研究のしようがない。しかし、かろうじて茶釜石に似た事例が伊豆大島の1986年噴火で報告されている。[7] 報告者は、火山灰シミュレーションの世界的レジェンド、鈴木建夫先生だが、茶釜石の密度が低い点に注目して、噴煙に輸送されて高い所まで到達した後、放出されて風にながされたため、遠くまで飛んだのだろうと推測している。私も全く同感である。つまり、64㎜でキッカリと噴煙に乗るか乗らないかが決まるわけではなく、噴石の密度が低ければ、そして噴火の勢いが強ければ、結構な大きさのものでも噴煙に乗って高くまで到達したあと、風に乗って遠くに飛ばされて、住民の脅威となることはあり得る。

富士山に近いところに残された体験談

江戸の伊東祐賢は、本人の性格かもしれないが、噴火について怖いとかびっくりしたとかは書いていない。それどころか、「鳴音は　あらおろもしや　神遊び　道すなをにて　天下太平」という誰が読んだかわからない狂歌を記録している。上の句は「噴煙の中で雷神が太鼓を演奏しているおもしろいことだ」、という意味だろう。余裕綽々《しゃくしゃく》である。下の句は、「こういう異常時でも将軍様のご政道がしっかりしているので民草の生活も問題なし！」という意味だろうか。だとすると、この人、大丈夫なのかと思うほどの政権べったりぶりである。もしもこの歌が祐賢作だったら、この人、マジでヤバイと思う。しかし、富士山に近いところの人は天下太平どころではなかった。

静岡県小山町《おやまちょう》生土《いきど》の富東一禿翁（明らかにペンネームだが本名はわからない）という人の書いた「降砂記」は、生土での体験を述べているのかどうかはよくわからないが、降灰が起きているときの様子を異様にリアルに描いている。機会があったら原文を味わって欲しいが、意訳すると、「最大で蹴鞠《けまり》くらいの噴石が落ちて家や草木を焼いた」、「たくさんの雷があり、火災がないところでは日中でも月のない夜のようであった」、「蠟燭《ろうそく》をともしてみると、黄色みがかっていて、塩味も感じられた」、「世界の終わりが来たように思い、みんなで仏壇の前に座ってお経を読んで、苦しまずに死ねるよう念じた」などなどである。ちなみに蹴鞠の直径は19㎝前後とのことだ。蠟燭云々《うんぬん》の部分（燭を点じてみれば黄色にて塩味あり）は解釈が難しいが、非常に細かい火山灰が家の中に入って空中に漂ったため、室内が黄色みがかって見えたほか、口に入ると塩味のようなものが感じられたという意味だろうか。いずれにしても、命の危険があり、現象自体が不気味で、生きた心地がしなかったことは伝わってくる。

火山灰で麻痺する交通

江戸幕府の官僚である伊東祐賢にとっては、余裕綽々だった宝永噴火であるが[8]、国民主権を謳《うた》う日本国の政府官僚はそういうわけにも行かないだろう。日本政府は2018年、「大規模噴火時の広域降灰対策検討ワーキンググループ」[9]という専門家の会合を設けて宝永噴火並みの降灰がおきたら東京をふくむ大都市にどういう影響が発生するのかを検討させた。2020年3月に発表された報告書の内容は多岐にわたるが、大きな問題が交通分野にあることが指摘されている。

そのうち、電車は降灰にものすごく弱くて、うっすら積もるくらいで運行停止になるらしい。それは鉄道がレールの上を走れなくなるからではない。鉄道は安全運行に関する情報、たとえば次の踏切に異常が無いかとか、前に電車が止まっている、みたいな情報を電気信号としてレールに流しているが、そうした電気信号は車輪を経由して運転士の元に届いている。ところが降灰があると車輪とレールのあいだに火山灰が挟まり電気信号が流れなくなるのだ。今の鉄道は、レールを流れる電気信号に頼った運行をしているので、そういう事態になると危なくて運行ができなくなる。

乗用車も強いとはいえない。四輪駆動とか4WDなどと呼ばれる4つの車輪すべてが駆動するタイプは問題ないが、多数派である二輪駆動の乗用車は乾燥している場合は厚さ10㎝、雨があると3㎝の厚さで走行が不能になる。宝永噴火と同じ降灰分布だとすると、東京は雨が降ると走行不能、降らなくても横浜あたりでは10㎝を超えているので東名高速道路や一般道を使って神奈川や静岡方面と行き来することはできなくなる。これは乗用車が道路の上を走れるかという点だけに着目したものだが、実際にはもっと薄い降灰でも問題になるだろう。

火山灰はマグマが急に冷えて固まったものだから、草木を燃やしたときに出てくる灰と異なり、主成分は硬い岩石である。だから、フロントガラスに火山灰がくっついたと言ってワイパーをずっとかけていたら、火山灰がフロントガラスを削ることになる。フロントガラスはすりガラス状になって、前が見えなくなるだろう。それに火山灰が路面を覆うと、道路上の白線が見えなくなる。センターラインが見えなくなったらどこを走って良いのかよくわからなくなってとても危険だろう。こういった問題が複合すると事態は深刻だ。スリップした車や、フロントガラスがすりガラス状になって前が見えなくなった車、センターラインがわからなくなって衝突事故を起こした車、などなど、いろいろな理由で走行できない車が道路上に増えるかもしれない。すると、事故渋滞が同時多発的に生じるのと同じこととなる。だから「厚さ3cmまでは移動可能」などと楽観的に考えるのは危険だ。車での移動に不確定な要素が多いことを計算に入れておくべきだろう。

飛行機は滑走路の火山灰を除去しなければ離着陸ができないが、空港に火山灰が積もっていなくても上空を流れる火山灰を警戒して、航空会社は運航を止める可能性が高い。現在多くの旅客機はジェットエンジンの力で飛んでいる。ジェットエンジンは大量の空気をエンジンの中で圧縮し、燃料を燃焼させるが、空気に火山灰が含まれているとエンジンの中で溶けたガラスになり、エンジン内部にぺたぺた張り付いてしまう。これが過ぎると、エンジンが詰まってしまって停止して、墜落の危険がある。火山噴火に遭遇して飛行中の飛行機のエンジンが止まる事故は過去に何例かあって、航空業界では極めて厳しい運航基準を設けている。2010年にアイスランドのエイヤフィヤトラヨークトル火山（この火山の正確な発音はアイスランド人以外には無理なので、国際学会でもみんな苦笑いをしながら発音をするので面白い）が噴火したが、この時はヨーロッパ上空の広い範囲に火山灰が到達したため、１週間にわたってヨーロッパの空港が閉鎖された。宝永噴火は２週間以上も噴煙の高さが11㎞を超える噴火が断続的に続いたが、これはエイヤフィヤトラヨークトル火山の噴火よりも長く噴煙高度も高い。したがって、宝永噴火並みの噴火が現代の富士山で発生したら、かなり大きい問題となるだろう。ちなみに、現在、日本で貿易額最大の「港」は成田国際空港で、貿易総額の６分の１くらいのシェアを占めている。富士山が火山灰を放出したら、おそらく成田空港は閉鎖になるだろう。加えて、風向きがどうなるかは噴火の時にならないとわからないので、関西国際空港だったら大丈夫とはいえない。

現代都市は降灰に弱すぎる？

現代は江戸時代よりいろいろな意味で進んでいるので、噴火が起きて鉄道や道路、飛行機が多少止まっても江戸時代よりも上手く対応できると思っている人がいるかもしれない。しかし、私は非常に悲観的だ。端的に言ってさまざまな交通手段に支えられた物流システムが機能しているから、東京は生きていけるのである。例えば食について考えてみよう。東京の人たちが消費している食糧はほとんどが東京の外からもたらされるのはわかるだろう。だから、物流が止まると一挙に食糧不足に陥る。

いやいや、そんなことを言っても東京にはコンビニやスーパーがたくさんあるからなんとかなるでしょう、と思っている人がいたらそれは甘い。一昔前であれば、町の食料品店は裏の倉庫にある程度の在庫を抱えていたが、今のコンビニやスーパーは頻繁な配送で店頭の商品を切らさないようにしている。在庫を抱えると、それが売れないときに損をするし、在庫を置いておくスペースの確保だって都会では金がかかる。だから、平常時は在庫を持たない方が正解なのだ。ところが、これは噴火時には大きな弱点となる。在庫を持たないということは、配送が止まったらすぐに店頭からものがなくなることを意味する。

最近は、台風が来たり大雪が降ったりするとコンビニやスーパーから一気に商品がなくなる事態がよく起きる。コロナウイルスが流行しはじめたとき、パスタやコメ、トイレットペーパーが一時的に品不足になったことを思い出す人もいるだろう。そういうのは常軌を逸した買いだめをする人がいるせい、というより、「念のため、ちょっとだけ多めに買っておくか」と考える普通の人がたくさんでたために、普段と少し違う売れ方をしたためだという。それくらい弱い物流システムに、降灰のような極めて異常な事態が襲いかかったら、経験したことのないような品不足となる可能性が高い。

一番の問題は水不足

私が一番深刻だと考えているのは水問題である。神奈川県の場合、横浜や川崎など県東部の大都市は、相模川《さがみがわ》や酒匂川《さかわがわ》の水を水道水として使っている。ところが、この2つの河川はいずれも富士山に源を発しているだけでなく、宝永噴火では流域のかなりの部分が降灰の影響を受けた。このため、江戸時代の文書を見ても上流から火山灰が流れてきて川底にたまり、人足を集めてそれを除去したという記録がある。相模川や酒匂川から水道用の水を取る施設を取水堰《しゆすいせき》というが、そこに土砂がたまったら取水ができなくなる。今でも、ごくまれに大雨で流木が大量に流れてきて、取水が止まることがあるが、噴火後の土砂は流木より深刻だろう。

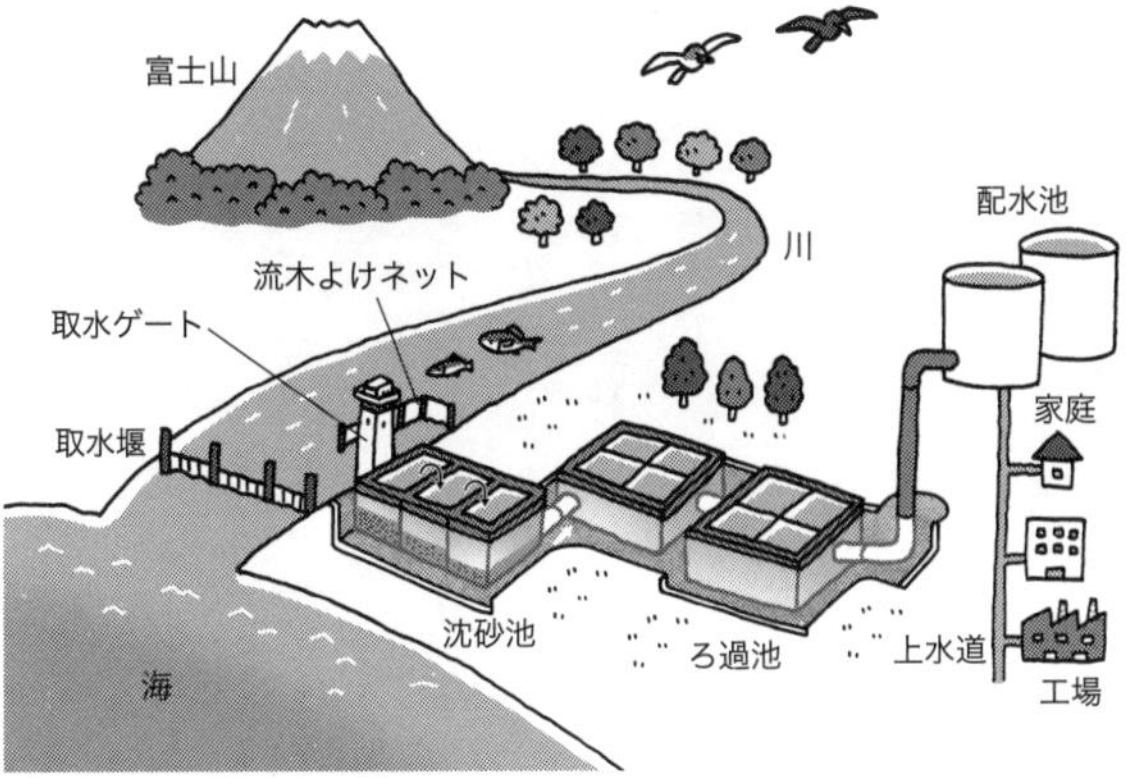

図39　大都市の水源から水道まで。川を流れる火山灰や浄水場の池に落ちる火山灰の影響が懸念される。

東京だったら大丈夫というわけではないだろう。確かに、東京の水源は利根《とね》川や荒川など、北関東から流れてくる川が大半だが、山梨を水源とする多摩《たま》川水系の川からも取水している。それに次の噴火が宝永噴火と同じように真東に火山灰をまき散らすとは限らない。

取水が止まるような事態は、噴火開始後すぐに起きるわけではないかもしれない。しかし、火山灰にはフッ素などの水に溶けやすい体に有害な物質も含まれている。一方、普通の浄水施設（図39）は覆いのないプールのような場所なので、火山灰がどんどん落ちてくる。そうすると火山灰に付着した有害物質が水道水に溶け込んでしまう。こうなると、水道として供給をしても飲用には適さなくなってしまう。こうした変化は降灰後速やかに発生する可能性が高い。

死者ゼロだった宝永噴火？

意外なことに、信頼できる文献で宝永噴火の降灰が直接の原因で人が死んだという記述は今のところ見つかっていない。見つかっていないだけで、何人かは死んだのかもしれないが、少なくとも何千人とか何万人もの死者が出た可能性は低いだろう。しかし、現代日本で宝永噴火並みの降灰が起きたら相当な死者が出るかもしれない。

降灰があって、電車や車が動けなくなっても歩くことはできる。火山灰は風下方向にはかなり遠くまで降り積もるが、風と直交方向では急速に厚さを減じるため、適切な方向に歩けば、いずれは被害の少ない地域に行き着くことができる。だから、体力があれば命だけはなんとかなるだろう。

ところが、今の世の中には高齢者や病気を患っている人、障害を持っている人など、多数の人が道路や水道などの社会基盤に支えられて生きている。こういう人々が2週間近く、食糧が得られない、水道が不通、車での移動もできないという状況に置かれると、相当危険である。例えば、人工透析患者は、週3回程度の透析治療を受けるが、1回の透析で大体200ℓくらいの水を必要とする。必要なのは水だけではない。透析施設までは何らかの交通手段を必要とする患者は多いだろうし、透析施設では水のほか電気が必要だ。それに治療をする医師や看護師、透析機器をメンテナンスする技術者、清掃をしてくれる人などが出勤できている必要がある。この一例だけでも社会基盤あっての病気治療や介護だということは納得がいくと思う。

被災者の数が少なかったり、被災地の面積が限られていれば、こういう問題はなんとかなるだろうが、宝永噴火の降灰分布を見たら被災人口や被災地の面積の大きさに圧倒されそうになる。

「避難＝安心・安全」ではない

大規模かつ広範囲に火山灰が降ってくるのは、確かに災害だ。それも大災害だ。だったら避難しよう、というのが普通の考え方だが、これがとっても難しい。まだ公式な試算が出ていないが、宝永噴火並みの降灰が起きたら、数百万人単位の人が影響を受けることは確実だ。このようなたくさんの人をみんな避難させるわけには行かないだろう。数百万人の人をどうやって輸送するのか、そしてどこに輸送すれば良いのだろうか。もちろん、何百万人いようと、生命の危険が切迫していたら避難せざるを得ない。しかし、江戸時代でも死者が非常に少なかったことからもわかるとおり、降灰そのもので死に至る可能性は少ないのだ。

それでは、病気の人や介護の必要がある人は避難させるべきか。これも難しい問題だ。もちろん降灰が深刻で社会基盤が止まったら、避難するしかないが、世の中には移動させることが難しい人がたくさんいる。全身状況が悪くて、移動で命を縮める可能性のある人や、住み慣れた家から離れることでストレスを感じ、それが病気に繋がる人もいる。こういう人たちは、避難をさせるのも危険があるし、避難をさせないのも危険がある。どちらの方がより安全かという判断はとても難しい。

大規模噴火は将来の課題

実は、私は先ほど紹介した「大規模噴火時の広域降灰対策検討ワーキンググループ」で降灰シミュレーションの監修をするお役目で参加させてもらったのだが、第1回会合では、どこから検討をしはじめたらよいのか、どの委員も困った顔をしていて、正直なところ本当にこの会議、大丈夫なのかなと思った。この会議の少し前に「シン・ゴジラ」という映画が公開されて、政府に呼ばれた専門家が全然役に立たないシーンがあったが、それを彷彿《ほうふつ》とさせた。あのシーンほどひどくはなかったのはもちろんだが、現在の日本にいる専門家でこの問題解決の役に立つ人はあまりいないのだと思った。多分世界中からかき集めても、そんなに状況は変わらなかったと思う。何しろ世界中見渡しても、宝永噴火並みの大規模降灰に見舞われた近代都市はないのだ。当時の内閣府の担当者がとても優秀だったので、なんとかまとまりがついたが、報告書には問題の解決法が書いていているわけでは全くない。これだけいろいろな問題があることを示したのがワーキンググループ報告書の意義だろう。

ここまで読んで、賢い読者の皆さまにはお察しいただけたと思うが、大規模降灰の問題は火山学者が、今までの知見をもとにアドバイスをして、行政や住民がそれを守れば解決、というような単純な問題ではない。火山学者がやれるのはせいぜい、過去の噴火を調査した結果や、シミュレーションに基づく研究から、来るべき噴火のイメージをお示しする程度である。交通や水道などの社会基盤への影響や、それが物流に及ぼす影響、東京やその他の工場やオフィスの事業継続性も、専門の研究者がいるわけではなく、それぞれの担当者が自分で考えていくほかはない。もちろん、ひとりで解決できる問題ではないが、自分事として受け止めて考え抜いた末に、同じような人と情報交換をして、社会全体として解決に向けて頑張ろうという性質の話だと思う。幸いにして、大規模降灰の問題に携わる人々があちこちで少しずつ現れているのは心強いことだ。大きくて複雑な問題なので、今後何年もかかって、少しずつ取り組んでいくしかないが、富士山に限らず日本のどこかで、大規模な噴火は将来必ず発生する。この本の読者は若い、これから世の中に出ていく人が多いと思うが、火山のこういう側面にも興味を持って、それぞれの持ち場で備えを進めていってほしいものだと思う。

おわりに

私が富士山研究に携わるようになったのは、2008年頃、日本大学の宮地《みやじ》直道《なおみち》先生が誘って下さったからだ。宮地先生は1980年の大学卒業研究からずっと、富士山がもたらした降灰の堆積物を研究していた筋金入りの富士山専門家で、2004年に公表された初めての富士山ハザードマップを作る際の委員も務められていた。

それ以降、私は宮地先生から富士山のこと、そして宝永噴火のことをたくさん学び、こんな噴火が現代日本で発生したら本当に大変なことになってしまうと恐怖を感じた。もっとたくさんのことを教わりたかったが、宮地先生は2011年に54歳の若さで早世されてしまった。その後、私は近所の峠に自転車で登って、1時間ほど富士山を眺めるのがよくある週末の過ごし方となった。1時間もいるのは、単に体力の回復を待つためで、何か高尚なことを考えているわけではないが、とはいえこれを何度もやっていると、この火山をどう考えたらよいのか、おめでたい私でもさまざまな疑問が生じてくるのであった。この本には、私の中で生じた疑問と、私なりの答えがまとめられている。

富士山噴火が最近注目されるようになって、多くの報道がされ、政府や自治体の動きも俄《にわか》に活発になってきた。そうした様子を見て、富士山噴火が起きたらどうなってしまうのだろうと不安になる気持ちを持つ方も多いと思う。しかし、富士山噴火がこのような扱いを受けるようになったのは、他の問題が解決してきたから、ともいえる。

日本で発生する自然災害で頻度が圧倒的に多いのが風水害である。風水害は最近でも甚大な被害をもたらしており、地球温暖化と結びつけて、年々脅威を増しているという趣旨の報道もよく見る。しかし、近年の風水害による死者行方不明者数はほとんどが、100名未満で、近年増加している傾向は特にみられない。この数を少ないと言うつもりはないが、1959年伊勢湾台風の4697名など、高度成長期以前は死者数が4桁の台風が珍しくない。現代でも風水害は脅威ではあるが、堤防の整備といった公共事業などのおかげで以前ほどではなくなってきたのは確かであろう。

こうした傾向はやはり頻度が高い自然災害である地震も同様である。確かに東日本大震災や阪神・淡路大震災は甚大な被害をもたらしたが、統計が整備されている1885年以降の地震を見ると、死者行方不明者数が上位10件に入るもので、高度成長期以降のものはこの2つだけである。地震の場合は地域によって静穏期と活動期があり、現在は静穏期にある首都圏で活動期に入った場合のリスクを考慮する必要はある。しかし、海外では発展途上国を中心にマグニチュード6クラスの地震でも、多くの死者が出る場合があることを考えると、建築物の強度が大幅に改善することなどによって、日本の地震対策が着実に進展していることは確かであろう。

世界を見渡すと、自然災害以前に貧困問題の解決が第一である国も多い。私は国際学会の立ち話で、ある発展途上国の火山学者から、「日本人の死亡原因の上位はがんとか心臓病ですよね。でも私の国では、結核とか下痢が上位です。そんな国で火山防災なんて、できることは限られています」と言われて、返す言葉に窮したことがある。物事には順番がある。まずは豊かになること、それでようやく防災ができるようになる。それでも、防災に割けるお金には限界があるから、防災の中でも頻度に応じた順番がある。火山噴火について真剣に考えられるようになったのは、それだけ経済的に豊かになって、このような低頻度の災害にも考えを巡らせる余裕が社会や行政にできてきたためという側面は無視できないというのが、私の意見だ。この本の最後に出てきた、大規模噴火による影響には暗澹《あんたん》とした方も多いと思うが、先人たちが日本の台風被害を大幅に減らしたことに思いを馳せて、かならず問題を小さくできるという信念を持ちたいものだと思う。

精神論で終わるのも無責任なので、大規模降灰に対する備えについて少しだけ考えてみよう。この本でも書いたとおり、この問題は極めてやっかいで、備えるには長い時間がかかる。しかし、この災害を死者ゼロで乗り切るという目標で見たとき、問題の本質は、現代人が頼り切っている、交通や電力、通信などいわゆる社会基盤が破壊されることで引き起こされる危機であることははっきりしている。だから、突飛なようだが、社会基盤に依存しなくても生活できるような態勢を整えれば、被害は軽減される。それではどうすれば良いのか。すぐにできるのは備蓄だろう。なにも、特別な準備をする必要はない。よく食べるもの、よく使うものは、なくなったら買いに行くというのではなく、常に1〜2週間分の在庫を抱えておき、使った分を補充するという形にしてみよう。これはローリングストックといい、ネットではさまざまな知恵が紹介されている。しかし、電気や水はなかなか難しい。私も完璧な解決策は持ち合わせていないが、環境技術の利用やいわゆるスローライフの実践は、長期的にみて重要な方向だと思う。

例えば、最近普及が進む家庭用蓄電池や電気自動車に蓄えられた電力は、停電時に大きな助けとなるだろう。また、エコキュートなどと呼ばれるヒートポンプ給湯器には300ℓ以上の水が常時蓄えられ、非常用の備蓄水として利用可能である。今後の技術発展で、防災にも使える環境技術が安価に提供されることを期待したいし、環境保護と防災の両方を達成する商品開発にインセンティブを与える施策があっても良いだろう。

また、都市への人口集中は火山に限らず、防災の面からは明らかにリスクが大きい。地方へ移住すれば自宅に井戸がついていたり、公営水道の水源が井戸水であるかもしれない。庭に菜園を作って多少は食糧自給できるかもしれないし、都会の狭い家では難しい食品の備蓄もやりやすいだろう。都会から移住せずとも2拠点生活という選択肢もある。これらはスローライフで、災害への対応力を高める例だ。地方では空き家が格安で売りに出ている一方、リモートワークが普通になっている昨今、こうした生活を実現するハードルは年々低くなっている。こうした流れは今後とも推進した方がよいと思う。

これから自分の生活を始める若い人には、災害への備えを生活設計の中にふくめて欲しい。一方、そんな生活設計が不可能な、経済的に取り残された人が多くいるようでは社会全体の防災とはならない。だれもが取り残されない経済と社会を構築していくことが、富士山の噴火災害に限らず大規模災害への一番の対応である。まずはみんなで豊かに、そして防災。富士山はそういう道を日本人に示しているように私は思える。皆さんも富士山の姿を見て「映える」写真を撮るだけでなく、静かに向かい合って思いを馳せてみてはいかがだろうか。富士山はいろいろなことを語りかけ、教えてくれると思う。

大規模噴火時の広域降灰対策検討ワーキンググループや、富士山ハザードマップ検討委員会における先生方の発言や議論から受けた刺激は本書執筆の大きな原動力となった。静岡県世界遺産富士山センターの、小林淳、大高康正、田代一葉の各氏には富士山の文献や古い登山道についてご教示いただいた。一部の古典の解釈については高校時代の畏友、渡邉牧子さんにご示唆をいただいた。ピジャリカ火山をご一緒した杉内由佳さんと、米国地質調査所アラスカ火山観測所のステファニー・プレジャンさん、火山写真家の白尾元理さん、アジア航測株式会社には写真を提供していただいた。イラストレーターのたむらかずみさんには楽しいイラストを多数提供していただき、本書が親しみやすいものになったと思う。山梨大学の秦康範さんにはさまざまな防災の新しい概念について教えていただき、参考になった。長年お世話になっている静岡大学の石橋秀巳、小川真人、山梨県富士山科学研究所の吉本充宏の各先生には粗稿を通読していただき多くの誤りを指摘していただいたが、本書の記述についての責任は私にある。また本書の見解は所属機関のものではない。編集担当の鶴見智佳子さんには一般人代表として素朴な疑問を多数いただいたが、それらは彼女の励ましとともに大きな力となった。その他、多くの方々からいただいた示唆がこの本を作るのに有用であった。皆様に心から感謝申し上げる。

〈引用・参考文献〉

本書の中で紹介しきれなかったことや文献をリストにした。文献のうち書籍でないものは多くがネットで無料ダウンロード可能である。特に日本語の論文や講演予稿集の多くはJ-Stageというサイトから無料でダウンロード出来る。興味のある人は検索して欲しい。また、ネットにない学術論文は著者に請求すれば、普通は送ってくれる。なお、火山学の基礎については拙著『最新科学が映し出す火山』（ベストブック）も参照していただきたい。

【第一章】

（1）本書では火山の体積を次の文献に依《よ》った。
第四紀火山カタログ委員会編（1999）「日本の第四紀火山カタログ」日本火山学会。もとはCD-ROMで配布されていたが廃盤。同じ内容がhttp://arukazan.jp/chs/volcano/index.htmに掲載されている。

（2）駒澤正夫（2003）「重力測定による富士山の重量と内部構造」「地質ニュース」590号、44頁

（3）Kaneko et al. (2019) Control of Volcanic Activity by Crustal Structure: Inference from the Izu-Bonin-Mariana and Northeast Japan Arcs. Geophysical Research Letters, 46. 10.1029/2019GL084554

（4）Uyeda and Kanamori (1979) Back-arc opening and the mode of subduction. Journal of Geophysical Research, 84B, 1049.
（5）伊豆―小笠原弧では玄武岩だけが噴出するというわけではない。西之島の最近の噴火では安山岩が噴出している。また、福徳岡ノ場の噴火では本州ではほとんど見られない粗面岩という岩石が噴出した。伊豆―小笠原弧は、噴出する岩石が多様ということも特徴といえる。
（6）伊豆―小笠原弧になぜ巨大な火山が多いのかについては、定評のある研究者による次の一般書でも論じられている。
巽好幸（２０１６）『富士山大噴火と阿蘇山大爆発』（幻冬舎新書）
（7）Aoki et al. (2019) Recent progress of geophysical and geological studies of Mt. Fuji Volcano, Japan. Earth-Science Reviews, 194, 264.
日本火山学会（２０１６）一般普及講座「ザ・富士山を知る！」http://www.kazan-g.sakura.ne.jp/J/data_01.html
（8）平朝彦（１９９０）『日本列島の誕生』（岩波書店）
【第三章】
（1）ここでは温度増加によって含水鉱物が分解するという説明をしたが、圧力が上昇しても沈み込む海洋プレートにある含水鉱物は分解する傾向がある。
（2）熊谷一郎・栗田敬（２０００）「レイリー・テイラー不安定の実験――ダイアピル間の相互作

用による波長の変化について――」「火山」45巻、３３１頁
（3）Tamura et al. (2002) Hot fingers in the mantle wedge: New insights into magma genesis in subduction zones. Earth and Planetary Science Letters, 197, 105.
（4）マウロ・ロッシほか（２００８）『世界の火山百科図鑑』（柊風舎）
（5）Yamaoka et al. (2005) Dike intrusion associated with the 2000 eruption of Miyakejima Volcano, Japan. Bulletin of Volcanology, 67, 231.
（6）Namiki et al. (2016) Sloshing of a bubbly magma reservoir as a mechanism of triggered eruptions. J. Volcanol. Geotherm. Res. 320, 10. 1016/j. jvolgeores. 2016. 03. 010
（7）地震が起きると火山のある地殻に働く力が変化するが、それは計算ができる。このため、地震が噴火を促進する方向に働くのか、あるいは逆に噴火を防ぐ方向に働くのかを、理論的には知ることができる。そうした研究によると、駿河トラフや相模トラフの地震は、噴火を促進するわけではないらしい。
Hosono et al. (2016) Elastostatic effects around a magma reservoir and pathway due to historic earthquakes: a case study of Mt. Fuji, Japan. PEPS, 3, 33.
（8）噴火の前の地震など、噴火の引き金になったと考えられる現象の真面目な研究者による最新まとめ
Caricchi et al. (2021) The build-up and triggers of volcanic eruptions. Nature Reviews Earth and Environment, 2, 458.

【第三章】
（1）本章で取り上げた古典については、次の文献に大きく依っている。
都司嘉宣（2013）『富士山噴火の歴史――万葉集から現代まで』（築地書館）
（2）竹取物語『新日本古典文学大系』（岩波書店）17巻3頁、76頁、更級日記は同24巻378頁、
富士山記は同27巻333頁
（3）『寺辺明鏡集』：都司（2013）では「寺辺明鏡」が東大寺の僧によって書かれたとあるが、
本書はこの文献の題名と成立過程を最近の定説である、次の文献によった。
菊地邦彦（2009）「中世後期から近世前期における富士山村山口の登山者――『富士山檀
記』を中心に」甲州史料調査会編『富士山御師の歴史的研究』（山川出版社）所収
（4）スナバライの位置は次の文献で史料と地形の検討から推定されている。
静岡県富士山世界遺産センター編（2021）『富士山巡礼路調査報告書　大宮・村山口登山
道』

【第四章】
（1）Iguchi (2013) Magma movement from the deep to shallow Sakurajima volcano as revealed
by geophysical observation. Bulletin of Volcanological Society of Japan, 58, 1.
（2）原田昌武ほか（2010）「富士山及び箱根火山の膨張歪と低周波地震活動」「火山」55巻、
193頁

（3）姶良《あいら》カルデラは昔淡水の湖だったが、後に海と繋《つな》がって湾になったことが最近の研究で明らかになった。
鹿野和彦ほか（２０２２）「鹿児島湾奥、姶良カルデラにおける後カルデラ火山活動と環境の変遷」「地質学雑誌」１２８巻、43頁
（4）階段ダイアグラムの詳しい解説
小山真人・吉田浩（１９９４）「噴出量の累積変化からみた火山の噴火史と地殻応力場」「火山」39巻、１７７頁
（5）石塚吉浩ほか（２０２１）「富士火山、須走期噴出物の噴出量見積もり」「地質調査総合センター研究資料集」７１５号　https://www.gsj.jp/publications/pub/openfile/openfile0715.html
（6）神奈川県内における宝永噴火前の降灰
上本進二ほか（２０１６）「南関東各遺跡の富士—河村城スコリア（Fj-Kw）対比候補—Fj-Kw: １９５０年直後に富士山から噴出した新発見テフラ—」「関東の四紀」35巻、37頁

【第五章】

（1）火山ハザードマップの良いまとめとして、
田島靖久（２０１７）「火山ハザードマップと噴火シナリオが火山防災対策に果たす役割」「火山」62巻、61頁
（2）津屋弘逵（１９６８）「富士火山地質図」地質調査所

（3）高田亮ほか（2016）「特殊地質図12　富士火山地質図（第2版）」産業技術総合研究所地質調査総合センター（販売もしているがネットでダウンロードもできる。https://www.gsj.jp/Map/JP/geology5.html#12）
（4）改定版ハザードマップの正式名称は「富士山ハザードマップ（令和3年3月改定）」。静岡県及び山梨県のホームページからダウンロード出来る。「富士山ハザードマップ」で検索。
（5）高田亮（2006）「「マグマの上昇と噴火」のアナログ実験：地球がゼラチンにマグマが油に」「地質ニュース」627号、7頁
（6）コンピュータに与えた火口の位置は、想定火口範囲と谷底の交点だけでなく、どちらに流れるか明確にはわからない尾根筋などと想定火口範囲の交点でも実施された。
（7）双耳峰だった富士山と御殿場岩屑なだれ
宮地直道ほか（2004）「富士火山東斜面で2900年前に発生した山体崩壊」「火山」49巻、237頁
（8）古富士火山に相当する地層について、前掲の「富士火山地質図（第2版）」（高田ほか、2016）では「星山期噴出物」と呼んでいる。専門家の間では古富士火山と新富士火山の境が人によって異なるため、第2版の地質図では新富士・古富士という呼び方を避けた。しかし、古富士火山は死語になっているわけではなく、今でも普通に使われている。
山梨県富士山科学研究所著（2020）『富士山境目図鑑：境目だから面白い、五合目の地質と動植物』（丸善出版）

【第六章】

（1）この章で紹介した宝永噴火の実相や、歴史文献については以下の文献に多くを依っている。小山真人（2009）『富士山噴火とハザードマップ――宝永噴火の16日間』（古今書院）

（2）Miyaji et al.(2011)High-resolution reconstruction of the Hoei eruption (AD1707) of Fuji volcano Japan. J.Volcanol.Geothem.Res.207,113

（3）小山真人・前嶋美紀（2009）「古記録と景観再現CGにもとづく1707年富士山宝永噴火の噴煙柱高度推定」「日本火山学会2009年秋季大会講演予稿集」8頁

（4）萬年一剛（2022）「宝永噴火の降灰シミュレーション」「科学」92巻646頁

（5）伊東志摩守日記の翻刻（手書きなどの古文書が活字にされたもの）は、小山真人ほか（2001）「富士山宝永噴火の推移を記録する良質史料『伊東志摩守日記』」「歴史地震」17号、80頁

（6）火山弾・投出岩塊は64㎜以上。64㎜と一見中途半端なところに境界があるのは、地質学では粒子の大きさを1㎜、2㎜、4㎜と倍々で区分しているためである。そういう区分の方法をファイスケールという。

（7）鈴木建夫・勝井義雄（1987）伊豆大島1986年噴火の降下火砕堆積物」「日本火山学会1987年秋季大会講演予稿集」109頁

（8）祐賢と幕府の名誉のために言っておくと、噴火時はまだ情報不足で、富士山近傍の被災地の状況がわかっていなかったのだ。噴火後しばらくして幕府は被災地の実地検分を行い、被災

状況を把握した。その後は紆余曲折を経て幕府直営で被災地の復興に取り組んだ。
永原慶二（2002）『富士山宝永大爆発』（集英社新書）

（9）「大規模噴火時の広域降灰対策検討ワーキンググループ」の報告書は内閣府ホームページからダウンロード出来る。
https://www.bousai.go.jp/kazan/kouikikouhaiworking/index.html

chikuma primer shinsho

ちくまプリマー新書406

富士山《ふじさん》はいつ噴火《ふんか》するのか？——火山《かざん》のしくみとその不思議《ふしぎ》

二〇二二年七月十日　初版第一刷発行

著者　萬年一剛（まんねん・かずたか）

装幀　クラフト・エヴィング商會

発行者　喜入冬子

発行所　株式会社筑摩書房
東京都台東区蔵前二－五－三　〒一一一－八七五五
電話番号　〇三－五六八七－二六〇一（代表）

印刷・製本　中央精版印刷株式会社

ISBN978-4-480-68432-5 C0244 Printed in Japan